大 国 之 美

图说中国
建筑常识

赵学忠　张静　编著

化学工业出版社
·北京·

内容简介

　　本书深入剖析了中国古代建筑的艺术精髓与文化底蕴。首先，对古建筑的细微构造进行精准解析，包括复杂的屋顶构造、精致的斗拱等，展示了其独特的建筑语言与工艺美学。随后，系统梳理了中国古代建筑的主要类型，如宫殿、寺庙、园林等，深入揭示其背后的历史变迁与文化内涵。此外，精选了 7 个具有代表性的经典建筑案例，详细剖析其建筑特色与历史价值。书中配以丰富的实景图片、详尽的建筑图纸，以专业的视角呈现了中国古代建筑的卓越成就。

　　本书既能为建筑领域的专业人士深入研究中国古代建筑提供参考，又能作为喜爱中国传统文化的普通读者了解古建筑知识的入门读物。

图书在版编目（CIP）数据

大国之美：图说中国建筑常识 / 赵学忠，张静编著 .
北京：化学工业出版社，2024. 7. -- ISBN 978-7-122
-46160-5

　Ⅰ. TU-092.2
　中国国家版本馆CIP数据核字第20240F1K02 号

责任编辑：王　斌　吕梦瑶　　　　文字编辑：刘　璐
责任校对：李露洁　　　　　　　　装帧设计：韩　飞

出版发行：化学工业出版社
　　　　　（北京市东城区青年湖南街13号　邮政编码100011）
印　　装：中煤（北京）印务有限公司
787mm×1092mm　1/16　印张13　字数300千字
2025年4月北京第1版第1次印刷

购书咨询：010-64518888　　　售后服务：010-64518899
网　　址：http://www.cip.com.cn
凡购买本书，如有缺损质量问题，本社销售中心负责调换。

定　　价：98.00元　　　　　　　版权所有　违者必究

前言

中国建筑，这一博大精深的艺术体系，历经千年风雨，依然屹立在世界建筑之林，其独特的魅力与深厚的文化底蕴，无不令人叹为观止。无论是巍峨壮观的寺庙建筑，还是精巧别致的亭台楼阁；无论是气势恢宏的宫殿府邸，还是质朴恬静的民居园林，它们都是中国历史文化的生动展现和深刻诠释。然而，由于中国古代建筑的时间跨度之长，文化内涵之深，使得许多具有丰富意蕴的建筑词语，如雀替、鸱吻等，在传递先人智慧的同时，也为现代人的理解带来了挑战。

本书旨在为广大读者揭开中国古代建筑的神秘面纱，带领大家领略其独特的魅力。全书分为三章，循序渐进，逐步深入。第一章聚焦古建筑的细节构造，从屋顶、藻井、瓦件，到脊兽、彩画，再到雀替、斗拱、墙壁、立柱、门窗、台基、铺地等，每一个构件都承载着丰富的历史信息和文化内涵，帮助读者深入理解古建筑的语言。第二章则是对中国古代建筑类型的全面解读。从城池、宫殿到寺庙、道观，再到园林、民宅与桥梁，这些建筑类型不仅是中国古代社会的缩影，更是中国古代建筑艺术的瑰宝。第三章则精选了中国古代建筑中的七个经典案例。这些建筑要么是历史悠久、文化深厚的古迹，要么是中国建筑史上的孤例，具有极高的研究价值和艺术价值。通过对这些建筑的详细介绍和分析，读者可以更加深入地了解中国古代建筑的历史变迁和文化内涵。

本书在内容上力求全面、系统、深入，不仅涵盖了中国古代建筑的历史沿革、类型、建筑布局等专业知识，还整理了众多相关的拓展知识内容，形成了一张庞大的"知识网"。为了帮助读者更好地理解这些专业知识，书中还配备了大量的实景图片、中国传统古画以及建筑平面布局图、结构拆解图等，让读者能够直观地感受到中国古代建筑的魅力和韵味。

目录

第三章　历史的传承：中国经典古建筑

中国古代建筑的细节纷繁复杂，每种细节都承载着独特的功能与意义。屋顶形式各异，彰显建筑等级；藻井装饰华丽，凸显室内空间特色。瓦件铺陈有序，防水防晒；脊兽形态各异，寓意吉祥。彩画绚丽多姿，点缀墙面；雀替与斗拱承重传力，稳固结构。墙壁分隔空间，立柱支撑屋顶；门窗通风采光，实用美观。台基稳固建筑，铺地防滑耐磨。这些建筑细节相互协调，共同塑造了古建筑的独特风格，彰显了古代工匠的卓越智慧与匠心独运。

第一章

点睛之笔

古建筑中的细节

一、等级制度的核心体现：屋顶

从中国古代建筑的整体外观上看，屋顶是其中最富有特色的部分，也是中国传统建筑造型中重要的构成要素。在中国传统文化中，建筑的屋顶有着明确的等级划分。上至帝王宫室、下至平民屋舍，均各自遵从着不同等级的礼制以维系封建礼制社会的稳定与繁荣。

（1）庑殿顶

拥有五条脊，一条正脊和四条垂脊，前后左右共四个斜坡面。

庑殿顶是中国古代建筑中等级最高的屋顶形式，只有最尊贵的建筑物，比如宫殿、庙宇、殿堂等才可使用，其中重檐庑殿顶是规格最高的屋顶形式。

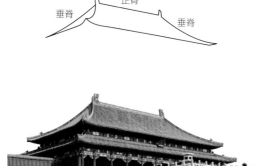

北京故宫太和殿的重檐庑殿顶

（2）歇山顶

拥有九条脊，一条正脊、四条垂脊和四条戗脊。

歇山顶左右两侧与坡面衔接的三角形区域为山花区域。山花是歇山顶屋顶的一个重要组成部分和装饰区域，可增添屋顶的层次感和美感。山花下方是梯形的屋面。俗称"九脊殿"，等级仅次于庑殿顶，常用于宫殿、园林及坛庙式的建筑。

山西太原晋祠圣母殿的歇山顶

重檐与单檐

单檐是指建筑物四周只有一排檐口的情况。单檐比较简单、轻便，占地面积小。因此，一些小型建筑或者追求造型轻盈的建筑，常采用单檐的形式。重檐大多是指在一层建筑上有两层或两层以上的屋檐。重檐屋顶的"重檐"，可以是上下屋檐平面相同的，也可以是上下屋檐平面不同的。重檐建筑的等级高于单檐的。

1. 屋顶形制的常见分类

中国古代屋顶的形制主要有庑殿顶、歇山顶、悬山顶、硬山顶、攒尖顶和卷棚顶等。这些屋顶形制不仅展现了中国古代建筑的独特风格，更体现了古代工匠的精湛技艺与卓越智慧，是中华文化的瑰宝。此外，屋顶在外观造型上还可以体现出不同等级。

（3）悬山顶

拥有五条脊，一条正脊和四条垂脊，前后两个坡面。

悬山顶的屋顶两侧超出山墙，悬在山墙外，超出的部分称为大山。该类屋顶多见于民间建筑，因其有利于防雨，至今在南方传统民居中仍较常见。

（4）硬山顶

拥有五条脊，其中一条正脊，前后两个坡面。

硬山顶左右两侧的山墙与屋面直接相交，将所有内部梁架檩木包住，形成简单、朴素的外观。硬山顶是古建筑中最普通的屋顶式样，住宅、园林、寺庙类建筑使用较多。

山西佛光寺文殊殿为悬山顶建筑

山西王家大院中的硬山顶建筑

等级上升

单檐

重檐

（5）攒尖顶

顶端为尖，上有宝顶、没有正脊，其他脊的数量随建筑平面墙的边数而定。

有圆攒尖、四角攒尖、六角攒尖、八角攒尖等。攒尖顶在亭、阁、塔类建筑中较为多见，且在等级较高的建筑中也可以见到。

北京天坛的祈年殿为攒尖顶建筑

（6）卷棚顶

卷棚顶之所以得名，是因为其顶部正中并非直线形的正脊，而是呈现为一条流畅的弧线形曲面。

根据屋顶其他部位的样式，分为卷棚歇山顶、卷棚悬山顶、卷棚硬山顶等。卷棚顶常用于宫廷和寺院附属建筑，以及园林中的亭、轩、廊、榭等。

北京颐和园中的谐趣园，屋顶形式为卷棚顶

《乾隆帝元宵行乐图》清·郎世宁（绘制者有争议）

▶ 卷棚顶与攒尖顶这两种屋顶形式常见于园林建筑，但也会用在宫殿等建筑中，因此一般不讨论攒尖顶和卷棚顶的等级。

攒尖顶

卷棚顶

2. 支撑起屋顶结构的梁架

中国古代建筑以木架构为主体结构形式，其中梁架结构的构架形式尤为关键。最常见的构架形式有抬梁式和穿斗式，两者各有特点，广泛应用于不同规模的建筑之中。除此之外，井干式作为另一种常见的木架构形式，也具备独特的优势。建筑的规模大小、平面组合及外观形式深受其结构类型与材料特性的影响。抬梁式和穿斗式在结构稳定性与空间利用上各有千秋，而井干式在适应建筑规模与平面变化方面表现尤为出色。

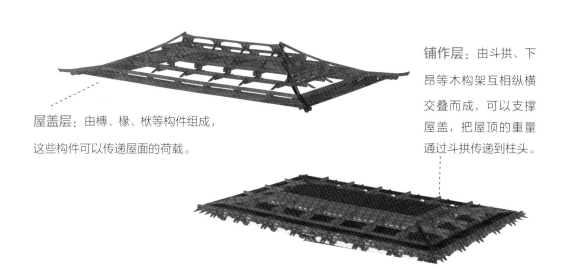

铺作层：由斗拱、下昂等木构架互相纵横交叠而成，可以支撑屋盖，把屋顶的重量通过斗拱传递到柱头。

屋盖层：由槫、椽、枋等构件组成，这些构件可以传递屋面的荷载。

（1）抬梁式构架

抬梁式构架也称"叠梁式构架"，其结构特点鲜明：柱上承梁，梁上再立短柱，短柱之上又承短梁，直至脊桁（檩）❶。桁檩❷与梁头❸紧密相连，形成纵横交错的构件体系，整体结构层层叠起，具有独特的空间层次感。这种架构是中国古代建筑中最为普遍的木构架形式。

优点：跨度大，可减少柱子的数量，营造较大的室内空间。

缺点：木材用料大，适应性不强。

应用：宫殿、坛庙、寺院等大型建筑物中。

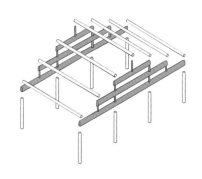

抬梁式木构示意

（2）穿斗式构架

穿斗式构架的特色在于其柱子设计得较为细长且密集。每根柱子顶端直接承载着檩条❹，而柱子与柱子之间则巧妙地运用木材进行串联，形成一个紧密的整体结构。在这种构架中，屋面的荷载直接通过檩条传递至柱子，无需梁的支撑。

优点：木构架用料小，整体性强，抗震能力较强。

缺点：柱子排列太密,只有当室内空间尺度不大时（如居室、杂屋）才能使用。

应用：多用于民居和较小的建筑物。

穿斗式木构示意

（3）井干式构架

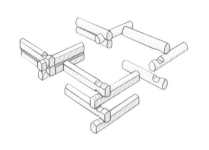

井干式木构示意

井干式构架摒弃了传统的立柱和大梁设计，转而采用圆木或矩形、六角形木料平行向上层层叠垒的方式构建。在结构的转角处，木料的端部相互交叉咬合，巧妙地形成了坚固的墙壁。

优点：精确的榫卯连接，能够承受较大的荷载。

缺点：由于其结构特点，井干式构架在尺度和开窗等方面会受到一定限制。

应用：常被用于寒冷地区，有利于防寒。

---

❶ 脊桁（檩）：位于建筑屋顶的最高处，即屋脊的位置，是支撑和固定屋顶结构的关键构件之一。

❷ 桁檩：主要用于支撑和固定屋顶的覆盖材料，通常沿屋顶的横向铺设，与梁架结构垂直相交。

❸ 梁头：通常指各种梁在檐下外露的端头部分。它是梁与墙体或其他支撑结构交接的关键部位，对于梁的稳定性和整体结构的承重能力具有重要影响。

❹ 檩条：也被称为檩子或桁条，通常垂直于屋架或椽子，作为水平屋顶梁，主要用于支撑椽子或屋面材料。

二、遮蔽性屋顶构件：天花和藻井

天花和藻井都是古建筑中用于装饰和遮蔽屋顶的结构，但它们在形式、功能和装饰性上存在一些差异。天花，作为建筑物内用以遮蔽梁以上部分的构件，其基本功能是美化室内空间，使室内看起来更整洁，同时也能防止梁架挂灰落土。藻井则是天花中一种更为独特和装饰性更强的形式。它一般呈向上隆起的井状，且在中国古代建筑中具有重要的地位，不仅具有装饰作用，还承载了深厚的文化内涵。

山西永乐宫三清殿顶部的元代平棊天花

1. 不同历史时期天花的样式

古建筑中不同历史时期的天花，尽管在说法上存在差异，但从实质上看，其基本样式十分相似。无论是早期的平棊、平闇，还是明清时期的井口天花和海墁天花，都是用来遮蔽建筑上部结构、美化室内空间的构件。

北京国子监辟雍殿团龙合玺井口天花

平闇天花
山西佛光寺外槽的

（1）宋元时期及其之前的天花种类

在宋元时期和宋以前的早期建筑中，天花样式主要有两种：一种是平棊，这是一种较大方形格子或长方形格子式样的天花，规格高于平闇，又称承尘；另一种是平闇，其构造方法是用木板拼成一定尺寸的板块，四边用边梃加固，中间用若干条细龙骨把板联结成整体，板缝都用护缝条盖住，以免灰尘下落。

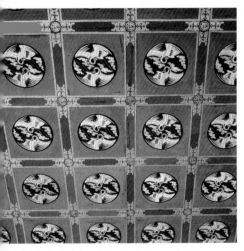

燕尾绿支条双鹤海墁天花
故宫景阳宫金琢墨蓝龙轱辘

（2）明清时期的天花种类

到了明清时期，天花的种类更加丰富，主要分为硬天花和软天花。硬天花以木条纵横相交成若干格，也称为"井口天花"，每格上覆盖木板，称为天花板，天花板圆光中心常绘有龙、龙凤、吉祥花卉等图案。软天花又称"海墁天花"，以木格蓖为骨架，满糊麻布和纸，其上绘有彩画或镶嵌编织物作为装饰，为等级较低的天花。

2. 高级别建筑的天花设计——藻井

　　藻井，作为中国传统建筑中一项高级别的装饰技艺，指的是建筑内部穹隆状向屋顶内凹的天花设计。这种装饰性部位，形如井口，大小适中，因寓意辟火而得名。其造型上圆下方，完美契合了中国古代"天圆地方"的宇宙观念。藻井的制作工艺极为复杂，工匠们运用榫卯、斗拱等技艺进行堆叠，全程无需使用钉子。通过精巧的梁檩穿插结构，形成了藻井的独特形态，体现了中华木造建筑在装饰技术方面的精湛与繁复。

故宫交泰殿的盘龙衔珠藻井

藻井形制的历史演变

汉代至唐初，藻井以方井形态为基础，内绘倒悬的莲花等精美纹样，其独特的设计不仅美化了空间，还巧妙地调节了空间的高度，同时具备除尘与保暖的实用功能。宋代藻井的形制开始有了规范，其结构一般分为三层，底层为"方井"，中层为"八角井"，上层为"圆井"。这种构造清晰、层次分明的结构叫作"斗八"。到了清代，藻井中心的云龙图案得到了强调，成为一团雕刻生动的蟠龙，蟠龙口中悬垂吊灯，保持了原来明镜的形式。由于清代的藻井流行以龙为顶心装饰，因此藻井也被称为"龙井"。

云纹随瓣八角浑金蟠龙藻井

故宫养性殿龙凤角蝉青抹角枋

三、实用与美学相结合的产物：瓦件

在中国古代建筑中，瓦件的重要性不言而喻。华夏宫室自古以来多为土木结构，历经数千年的风雨洗礼，由于木材易朽，早期建筑遗存稀少。然而，即便地面建筑难以保存至今，仍能从残砖片瓦中领略古代建筑的遗风余韵。其中，瓦当作为重要的瓦件，遗存丰富，具有极高的历史和文化价值。

1. 屋瓦形状的常见类型

在周代建筑遗址中可见大量陶瓦的踪迹，这标志着古代建筑技术的不断进步。到了春秋战国时期，瓦作为一种重要的建筑材料开始被广泛应用于宫殿等高级别建筑中。这一时期，板瓦和筒瓦作为较早出现的两类屋瓦形状，各自发挥着不可或缺的作用。

《姑苏繁华图卷》（局部）清·徐扬

（1）板瓦

板瓦是一种横断面小于半圆形的弧形瓦，其设计巧妙之处在于前端相较于后端稍显狭窄。这种瓦通常被仰置于屋顶之上，瓦与瓦之间的缝隙则通过覆盖其他瓦件来填补，从而构建出丰富多样的屋顶结构。板瓦在材质上分为带琉璃釉和不带琉璃釉两种，其中不带琉璃釉的板瓦又常被称为青瓦、素瓦或布瓦，它们在色泽和质感上具有独特的美感。从西周到清代的长久岁月里，板瓦的基本造型保持相对稳定，仅在尺寸上有所调整，以适应不同时代的需求和生产技术的发展，使得板瓦在生产和应用上更为便捷。

板瓦形态图

（2）筒瓦

与板瓦相比，筒瓦的横断面呈半圆形或大于半圆形，专门用于覆盖屋顶的关键部位，与板瓦协同工作，共同实现防水和装饰功能。在宋代，筒瓦被雅称为"瓪瓦"，这一称谓既体现了其历史渊源，又彰显了其独特性。至清代，筒瓦的种类更为丰富，可分为素筒瓦和施琉璃筒瓦两类。同时，筒瓦还按尺寸大小进行严格分级，高等级的建筑所使用的筒瓦尺寸相应较大。

筒瓦形态图

建筑文化中的璀璨瑰宝：琉璃瓦

琉璃瓦作为中国传统建筑的经典装饰材料，常采用金黄色、翠绿色、碧蓝色等色彩缤纷的铅釉进行装饰，历经千百年的发展与演变，已形成了品类繁多、形制考究、装配性出色的系列产品。琉璃瓦不仅具备优异的物理性能，如高强度、卓越的平整度，以及低吸水率等特性，同时还展现出了出色的化学稳定性，抗折、抗冻、耐酸、耐碱，且色泽历久弥新，永不褪色。这些优点使得琉璃瓦在传统建筑装饰中占据重要地位，成为展现中华建筑文化魅力的重要元素。

《山水楼阁图册·其一》（局部）
清·陈枚

施琉璃筒瓦

2. 不可忽视的"瓦当文化"

瓦当，虽仅为建筑屋顶上的一个微小瓦件，却承载着丰富的历史文化内涵。瓦当上的装饰，无论是文字、动物还是植物形象，均在一定程度上反映了当时的政治与文化风貌。此外，瓦当在形态上的装饰特征与古代陶器、漆器上的装饰有着鲜明的区别，这也使得瓦当在学术领域被赋予了独特的文化地位。

（1）"字当"与"画当"

在圆形或半圆形的瓦当上，几乎无一例外地雕刻着精美的花纹装饰。从装饰内容的角度进行分类，总体上可以划分为两大类：一类是以文字为主要表现形式的"字当"，另一类则是以图画为主要呈现方式的"画当"。

形式多样的文字瓦当

汉代四神纹画当

▲ 汉代四神纹画当是汉代瓦当中造型最完美的纹样。其四神为青龙、白虎、朱雀、玄武，古时常用其表示方向，东青龙、西白虎、南朱雀、北玄武，为古代文化的独特象征。

中国古代屋顶的常见瓦件

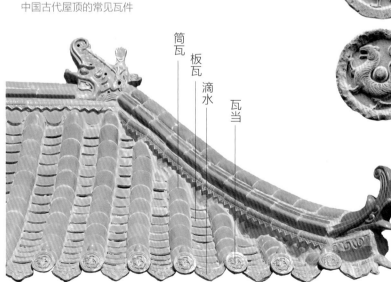

筒瓦
板瓦
滴水
瓦当

瓦当与滴水的区别

瓦当与滴水，作为中国古代建筑中不可或缺的防水与排水构件，各自在屋顶构造中发挥着至关重要的作用。瓦当，作为屋顶的前沿遮挡物，主要发挥防止雨水倒灌、保护木制屋檐与墙体免受侵蚀的功能。而滴水，则以其独特的结构引导雨水顺畅流淌，有效避免雨水沿屋檐、窗台侵蚀墙体。简而言之，瓦当与滴水共同构筑了古建筑屋顶的前沿防线，一个阻止雨水入侵，一个引导雨水流淌，两者相辅相成，在建筑造型上完美展现了古代建筑的和谐之美与精巧工艺。

《月曼清游图册·琼台玩月》（局部）清·陈枚

瓦当

滴水

（2）瓦当的发展历程

中国历朝历代瓦当的特点纷繁多样，既映射出各时代独特的审美理念，又彰显着当时的工艺成就。瓦当的起源可追溯至西周晚期，其后历经千百年的演变与创新。从形制来看，春秋战国时期，瓦当多呈现半圆形；而自秦汉时期起，瓦当的形制则逐渐转变为以圆形为主导，这一转变不仅展现了瓦当在造型上的发展轨迹，也折射出中国古代建筑艺术不断进步的历程。

先秦时期

※ 先秦时期，瓦当出现，并呈现出地域风格的特点。

※ 洛阳周王城主要是素面半瓦当和动物纹瓦当，还有少量的云纹瓦当；齐国则流行树木双兽卷云纹半瓦当；赵国以素面圆瓦当为主，有少量三鹿纹瓦当；燕国多饕餮纹瓦当；秦国流行单个动物图案组成的瓦当；楚国以素面瓦当为主；鲁国以云纹瓦当为主。

※ 齐国则出现了中国最早的文字瓦当。

齐国的文字瓦当

魏晋南北朝时期

魏晋南北朝的莲花纹瓦当

秦汉时期

※ 秦汉时期瓦当的制作工艺和图案设计都达到了新的高度。

※ 从纹饰上看，秦汉瓦当是早期瓦当发展的代表，以文字纹为此时纹饰的突出特征，且尺寸较大。

※ 秦代瓦当颜色纯青，瓦当中央无圆柱，纹饰以动物纹和云纹为主。

※ 汉代瓦当青色稍弱，瓦当中央有圆柱，图案设计优美，字体行云流水，极富变化，有云头纹、几何形纹、饕餮纹、文字纹、动物纹等。

※ 汉代还出现了许多文字瓦当，字数不拘，1 个字到 12 个字的均有，内容多为吉祥话或记事语。

秦代的花纹瓦当

※ 魏晋南北朝时期的瓦当以圆形为主，但相较于秦汉时期的圆形瓦当，其形态更加多样，有的呈现出略微扁平的样式，有的则更加饱满圆润。

※ 云纹仍然是这一时期瓦当装饰的主要元素之一，但与前代相比，这一时期的云纹更加简化、抽象。

※ 莲花纹、兽面纹等图案也开始出现在瓦当装饰中，这些图案不仅具有浓厚的宗教色彩，也体现了当时社会文化的多元性。

※ 随着佛教在魏晋南北朝时期的广泛传播，瓦当装饰中开始出现与佛教相关的图案和元素。例如，莲花作为佛教的圣洁象征，其图案在瓦当装饰中越来越常见。

隋唐时期

※ 隋唐瓦当，尤其是唐代瓦当，大多是饱满的圆形。

※ 瓦当最具特色的纹样雕刻以莲花纹为主，同时逐渐融入了忍冬纹、宝相花纹等源自佛教的异域图案。此外，兽面纹作为传统的纹饰图案，在瓦当的装饰中也得到了广泛运用。

※ 在文字装饰方面，隋唐时期的瓦当与前期相比发生了显著变化。前期瓦当中常见的文字装饰在隋唐时期几乎绝迹，这反映了当时建筑装饰风格的转变和审美观念的变化。

唐代的莲花纹瓦当

明清时期

※ 在图案设计方面，清代瓦当的纹饰更加丰富，既有传统的龙纹、兽面纹，也有牡丹纹、唐草纹等花草纹。

※ 龙纹瓦当在清代建筑中尤为突出，无论是皇家宫殿，还是寺庙建筑，都可见到精美的龙纹瓦当，这体现了龙在清代文化中的重要地位。

※ 兽面纹仍然占据一定的比例，但相较于前代，其形象更加简洁明了，线条更加流畅。

※ 由于清代建筑风格的多样化，瓦当的形状和尺寸也呈现出多样化的特点，既有圆形、半圆形等传统形状，也有根据建筑需要而定制的特殊形状。

清代的龙纹瓦当

宋代

※ 相较于前代，宋代瓦当的当面面积有所缩小，且普遍采用圆形设计，纹饰更为丰富多样。

※ 宋代早期，瓦当的纹样多承袭隋唐的莲花纹，但花瓣形态有所变化，由双瓣突起渐变为低平单瓣，直至变为长条形。

※ 除了莲花纹，瓦当中的花卉纹样还常见有荷花纹、菊花纹和牡丹纹等。且有时还会在花卉纹样外加宝珠等装饰纹样。

※ 兽面纹瓦当在宋代非常盛行，其形象与唐代相近，但未有口内衔环的样式。

宋代的兽面纹瓦当

四、祥瑞的象征：脊兽

在中国古代建筑的屋脊构造中，装饰元素纷繁且独具匠心，其中脊兽类装饰尤为引人注目。脊兽，属于古代建筑的重要组成部分，多由瓦片精心制作而成。在高级别的建筑中，更常采用琉璃瓦作为脊兽的制作材料。此外，根据脊兽在屋脊上的不同位置，它们又可分为吻兽、望兽、套兽、垂兽、戗兽、走兽等，每一个位置的脊兽都承载着独特的文化内涵与象征意义，共同表现了中国古代建筑屋脊装饰的丰富与多样。

1. 吻兽

吻兽是建筑屋顶正脊两端的装饰构件，为龙头形，龙口大张咬住正脊，常用陶或琉璃制成，有固定屋瓦的作用。吻兽作为屋顶的装饰构件，不仅具有实用功能，更承载了丰富的文化内涵。在古代信仰中，吻兽被视为灭火防灾、趋吉避邪的象征，其存在为木结构殿宇提供了心理上的安全保障，同时也彰显了古代建筑文化的独特魅力。此外，吻兽在不同大小的建筑上有着不同的拼合方式。小体量建筑脊兽可用单块吻兽，而大体量建筑脊兽则可由数块拼装垒砌而成。

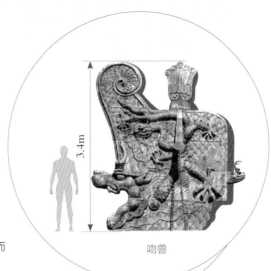

吻兽

故宫太和殿屋顶的吻兽

▼ 太和殿屋顶上的吻兽是由多块（13块）拼合而成的，是至今现存古建筑屋顶中最大的吻兽。

2. 望兽

山西王家大院屋顶的望兽

吻兽通常被精心安置在一些重要建筑的正脊之上，其口部朝向建筑内部。而望兽则是吻兽的演化形态，常见于钟楼或门楼等特定场所，其口部朝向外部，象征着瞭望与守望。除了皇家建筑典范之外，众多民间古老的建筑上也可见到望兽的身影。

◀晋商大院的屋脊望兽多以闭嘴之态呈现，然而，作为官宅之典范的王家大院，其屋脊望兽却采用张嘴之形。此举寓意深刻：为官者当勇于为百姓伸张正义，敢于开口为民发声。

3. 套兽

在古代建筑设计中，屋檐最外侧伸出的一小节房梁被称为"仔角梁"。为了防止雨水侵蚀这一结构，建筑师们巧妙地在其上套置陶制构件，这一做法逐渐发展演变，最终形成了现今所见的套兽装饰。套兽作为一种体积较大的兽形装饰，其主要特点在于兽的头部设计，通常表现为狮子头或龙头的形态，形态生动，充满力量感。这些套兽多由琉璃瓦制作而成，不仅具备装饰美化建筑的功能，同时也展现了古代建筑工艺的高超水平。

大同华严寺屋顶的套兽

4. 垂兽和戗兽

垂兽与戗兽在形态上颇为相似，均呈现出向外伸展、带有尖角的龙头形态。两者命名上的差异主要源于其安置位置的不同：位于垂脊之上的称为"垂兽"，而置于戗脊之上的则称为"戗兽"。垂兽与戗兽不仅具备装饰性，还具有重要的实用功能。它们内部用铁钉加固屋脊相交的部位，有效防止瓦件脱落。

▼ 在中国古老的神话传说中，戗兽被描绘为龙的第九子——嘲风。据明代李东阳的《怀麓堂集》记载："嘲风，平生好险，今殿角走兽是其遗像。"因此，古代帝王常将戗兽置于垂脊或戗脊的险峻之处，既符合其个性特征，又寄托了保家宅平安的寓意，同时发挥其加固屋脊的作用。

戗兽

垂兽

5. 走兽

在中国古代建筑屋顶装饰的众多脊兽中，走兽无疑是最具吸引力的元素之一。这些走兽通常以整齐划一的方式排列于垂脊之上，其形态各异，既有奔跑之态，也有蹲坐之姿，因此也被人们称为跑兽或蹲兽。在数量上，走兽通常以3、5、7、9等奇数形式出现，且走兽的数量越多代表着建筑的等级越高。

太和殿屋顶的走兽

▼ 在古建筑的传统装饰规范中，走兽的数量通常被严格限制在9只以内。然而，故宫太和殿的屋脊装饰却打破了这一常规，拥有10只走兽，其中多出的第10只走兽名为"行什"。据传说，行什是雷公的化身，具备避雷的神秘力量。而居于走兽队列之前的是"骑凤仙人"，它不仅作为装饰元素，更承担着重要的实用功能，即固定垂脊下端的第一块瓦件，确保整个屋脊结构的稳固与美观。

《十宫词图册·其三》（局部）清·冷枚

屋脊上的走兽和垂兽

五、绝美的梁枋装饰：彩画

彩画作为我国古代建筑艺术的璀璨瑰宝，以其独特的装饰风格独树一帜。彩画是运用丰富的色彩和精湛的油漆技艺，在建筑的梁、枋、斗拱、柱及天花等建筑构件上精心绘制各种花纹、图案及人物故事，呈现出绚丽多彩的视觉效果。这些精美的彩画不仅具备装饰、美化建筑的功能，更能通过其特殊的涂料处理，有效增强木料的防腐、防蛀性能，从而延长建筑的使用寿命。

古建筑中绝美的彩画装饰

1. 彩画的发展历程

萌生期

（西汉以前）

在这一阶段，彩画开始出现在建筑上。《礼记》中提到的"楹，天子丹，诸侯黝，大夫苍，士黈"，描述了当时已经在柱子上涂颜色，并且有着等级的差别。

成熟期

（唐、五代、宋、辽、金）

　　唐代对王公官吏的建筑有着严格的规定，包括建筑间数、装饰和色彩等。这一时期已初步使用"晕"的手法绘制彩画，为宋代彩画的发展奠定了基础。宋代彩画根据建筑的等级有不同类型，包括五彩遍装、碾玉装、青绿棱间装与解绿装等。

高峰期

（元、明、清）

　　元代彩画基本上沿用了宋代做法，并出现了不施纹饰的单色叠晕。明清时期，彩绘发展至其全盛时期，不仅继承了传统，而且在材料及生产制造方面出现了新的改变与发展，主题风格与表现方式都得到了进一步的发展和完善。

雏形期

（西汉至隋）

　　彩画至西汉时出现了龙、云等纹样，南北朝时期受佛教的影响，彩画中又增添了卷草纹、莲花纹、宝珠纹、万字纹等纹样。

2. 彩画中的清式彩画

在中国古代建筑彩画的历史长河中，清式彩画无疑占据着举足轻重的地位。作为中国古代建筑的一种独特装饰艺术，清式彩画以龙和玺为主要特征，融入了浓厚的政治色彩，成为清代帝王建筑的专属装饰图案。在构图方面，清式彩画展现出极高的严谨性，线条均向中心聚拢，营造出一种别具一格的视觉盛宴。具体而言，清代彩画可细分为和玺彩画、苏式彩画和旋子彩画等几大类别。每种彩画均拥有其独特的构成元素与装饰风格，无论是和玺彩画的庄重肃穆，还是苏式彩画的典雅秀丽，抑或旋子彩画的细腻精巧，都充分展示了清式彩画在艺术上的丰富多样与深厚内涵。

箍头　　盒子　　箍头

（1）和玺彩画

和玺彩画是清代建筑中等级最高的彩画，以人字形曲线贯穿其间，主要的装饰内容是象征帝王的龙纹，主要色彩是青色和绿色。和玺彩画主要由箍头、枋心、藻头三部分组成，藻头为横"M"形，箍头、藻头、枋心上均画龙。虽然和玺彩画以龙纹为主，但也有些微的变化，所以细分起来和玺彩画又可分为金龙和玺彩画、龙凤和玺彩画、龙草和玺彩画等几种。

故宫太和殿横梁上的金龙和玺彩画

▲ 枋心、藻头均有龙的，叫金龙和玺彩画，所在建筑地位至上，这类建筑是皇帝登基、理政、居住的地方。

盒子：若梁枋长度过长，为增添其装饰性，可在箍头与藻头之间增设盒子作为装饰元素。盒子的图案内容常以龙、凤、吉祥草等寓意吉祥的图案为主。

箍头：箍头指的是梁枋左右两侧的最外端部分，即梁枋两端向外延伸的部分。在这里，"箍"字形象地描述了这一部位在枋的两端所起的固定和包裹作用。

盒子

箍头　箍头

藻头

枋心

藻头

枋心：梁枋可以被大致划分为三段等分的部分，中间的一段被称为枋心。枋心虽然是梁枋彩画的视觉中心，但在整体长度上，它仅仅占据了三分之一的比例。

藻头：箍头与枋心之间的部分被称为藻头。藻头与箍头各自占据的空间，合起来占据了梁枋全长的三分之一。尽管藻头位于梁枋的两端，但其两头的总面积却超过了枋心的面积。

故宫交泰殿横梁上的龙凤和玺彩画

▲ 枋心、藻头有龙、凤的，叫龙凤和玺彩画，地位次之，为帝后寝宫所用。

故宫太和门东崇楼梁枋上的龙草和玺彩画

▲ 枋心、藻头有龙、草的，叫龙草和玺彩画，常被用于一些配殿。

（2）苏式彩画

苏式彩画，俗称"苏州片"，其命名源自其发源地——苏州。在清式彩画的分类体系中，苏式彩画相较于和玺彩画与旋子彩画，其等级明显偏低。相应地，采用苏式彩画的建筑在等级划分上也较低。一般而言，苏式彩画多见于园林建筑中，涵盖私家园林及皇家园林。在这些园林中，亭、台、廊、阁、榭等建筑元素上，梁、枋部位常常绘制有各式各样的苏式彩画，这些画作不仅丰富了园林的视觉美感，还极大地提升了园林的艺术性和观赏性。此外，除了园林建筑，一些民居建筑也常采用苏式彩画作为装饰手法。

（3）旋子彩画

旋子彩画是清代颇具代表性的彩画类别之一，其等级仅次于和玺彩画。因此，旋子彩画通常应用于次要的宫殿、配殿或其他建筑之上。旋子彩画最为显著的特点，即与和玺彩画的主要区别在于其藻头部分所绘制的旋子图案。这种旋子图案以圆形切线为基本线条，构成了一种规则的几何图案。其外形宛如旋涡状的"花瓣"，中心则为"花蕊"或"旋眼"，整体观之，旋子图案宛如一朵盛开的花朵，既美丽动人，又透露出一种简洁明快的风格。

颐和园长廊中的苏式彩画

▲ 苏式彩画不再用龙、凤作图案，而用各
式的人物、山水、花草、虫鸟；布局上也
灵活多变，在青绿色之外加用红黄等色，
更显丰富多彩而生动有趣。

旋子彩画的等级划分

旋子彩画本身也有明显的等级区分，主要根据用金量的多少和花色的繁简程度，分为浑金、
金琢墨石碾玉、烟琢墨石碾玉、金线大点金、墨线大点金、金线小点金、墨线小点金、雅伍
墨等几类。

浑金旋子彩画
特点：整幅彩画全贴
金箔

金琢墨石碾玉旋子彩画
特点：轮廓用金线，花
瓣退晕，旋眼、菱角地、
宝箭头、栀花贴金

烟琢墨石碾玉旋子彩画
特点：主体用金线，旋
花墨线，花瓣退晕，旋
眼、菱角地、宝箭头、
栀花贴金

金线大点金旋子彩画
特点：主体线边缘贴金，
旋子墨线，花瓣不退晕，
旋眼、菱角地、宝箭头、
栀花贴金

墨线大点金旋子彩画
特点：轮廓用墨线，花
瓣不退晕，旋眼、菱角
地、宝箭头、栀花贴金

金线小点金旋子彩画
特点：主体线边缘贴金，
旋子墨线，花瓣不退晕，
旋眼、栀花贴金

墨线小点金旋子彩画
特点：轮廓用墨线，花
瓣不退晕，旋眼、栀花
贴金

雅伍墨旋子彩画
特点：不贴金，只用青、
绿、丹、黑、白五色

六、古建筑中的点睛之笔：雀替

古建筑中的雀替是一种特色构件，用于缩小梁枋跨度以增强其荷载力。它通常被置于建筑的横材（梁、枋）与竖材（柱）相交处，其作用包括缩小梁枋的净跨度以增强其荷载力、减少梁与柱相接处的向下剪力，以及避免横材与竖材结构间的角度倾斜。雀替的制作材料通常由该建筑所用的主要建材决定，例如在木建筑中使用木雀替，而在石建筑中使用石雀替。

1. 常见的雀替样式

雀替的形态和样式多种多样，经过千年的演变，发展出了龙门雀替、骑马雀替、大雀替、通雀替等多种类型。这些不同类型的雀替在形态和用途上都有所不同。

（1）龙门雀替

龙门雀替除了具有一般雀替的形象外，还在其外增添了一些装饰性的附件，如云墩、三幅云、梓框等。这些装饰件的增加，使原本在水平方向发展的雀替形象转移到了向垂直方向的发展，为建筑增添了更多的艺术感。

三幅云：雀替或昂尾上斗口内伸出的一种云形雕饰，是古建筑大木作斗拱构件，清式建筑称谓。

云墩：承托龙门雀替的一个零件，上面常雕刻云纹。

梓框：贴柱而立的长条状构件，以支承住云墩。

官式牌楼中的龙门雀替

（2）骑马雀替

　　骑马雀替多用于建筑的梢间、尽间或廊子等处，这些地方空间相对狭窄，柱间距离较小，使用两个雀替就会连接在一起，形成一个大的雀替，跨连两根柱子，故称为"骑马雀替"。

山西乔家大院中的骑马雀替

（3）大雀替

　　大雀替是雀替的一种特殊构造方式，而非单纯指其体积大小。它实质上是两个原本分别位于柱子两侧的雀替连成一体，横跨并架设在柱顶之上，而非穿过柱子。这种设计使得雀替稳固地置于柱顶，之上再承托额枋，从而增强了建筑结构的稳定性和承载能力。大雀替的制作工艺极为烦琐，其上雕刻的图案丰富多样，展现出威严与锐气的特质。因此，大雀替多见于官式建筑。

（4）通雀替

　　通雀替，作为雀替的一种变体，同样涉及柱子左右两侧雀替的连续设计，但其在结构定位上与大雀替存在显著区别。大雀替通常架设在柱顶之上，而通雀替则穿过柱顶，插入柱体顶端，使得雀替的上边线与柱顶面近乎平行。这种设计使得通雀替在柱子上的位置相较于大雀替更为低矮。这种差异不仅体现在结构布局上，更对建筑的整体视觉效果和力学性能产生深远影响。

内蒙古五当召（广觉寺）中的大雀替

故宫太和门上的通雀替

2. 雀替上的常见图案

雀替上常见的图案具有多样性和丰富性的特点。这些图案不仅包括自然元素，如花鸟鱼虫、山水云纹等，还有人文元素，如龙凤呈祥、福寿双全等寓意吉祥的图案。这些图案设计精巧，绘制手法多样，既有写实细腻的描绘，也有写意抽象的勾勒。

花草纹雀替 云纹雀替 龙纹雀替

3. 雀替图案的常见雕刻技法

在雕刻技法上，雀替图案通常采用了圆雕、浮雕和透雕等多种手法。圆雕使图案更为立体通透，观者可以从不同面观赏；浮雕则通过在平木板上雕刻出立体的纹样，使图案更具立体感；而透雕则多见于对花草叶子的雕刻，能展现出图案的层次感和空间感。这些雕刻技法的运用，使得雀替图案更加栩栩如生、灵动活泼。

圆雕雀替 浮雕雀替 透雕雀替

雀替

《月曼清游图册·重阳赏菊》清·陈枚

七、彰显古典建筑的气质：斗拱

斗拱是中国建筑所特有的支承构件，也被称作枓拱、斗科、铺作等，在诸多现存的大型且重要的古代建筑中，斗拱的身影无处不在。通常，斗拱被设置在立柱顶部、额枋和檐檩之间，或者在构件之间，是在枋上逐层加入的弓形承重结构，即拱。这些拱之间垫设的方形木块被称为斗，两者的组合被称为斗拱。

备注：斗拱根据其在建筑物中的位置可分为外檐斗拱和内檐斗拱，而外檐斗拱又根据适用位置，可分为柱头斗拱、柱间斗拱及转角斗拱。转角斗拱是其中最为复杂的斗拱。

内檐斗拱

外檐斗拱

山西佛光寺大殿的转角斗拱 ▶

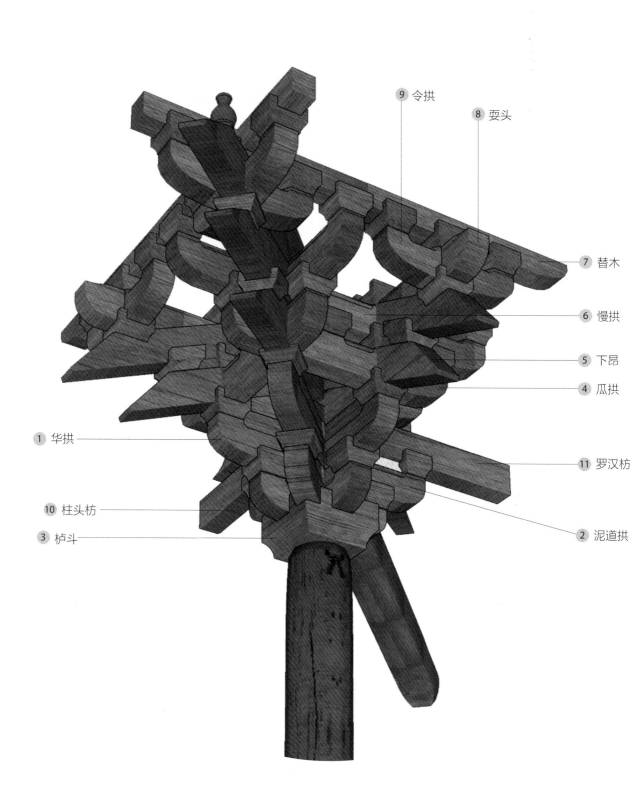

9 令拱

8 耍头

7 替木

6 慢拱

5 下昂

4 瓜拱

1 华拱

11 罗汉枋

10 柱头枋

3 栌斗

2 泥道拱

转角斗拱的结构解析

1 华拱

是宋代斗拱构件的名称，相当于清代斗拱中的翘。华拱是斗拱中沿着建筑进深方向设置的拱。

2 泥道拱

是宋代斗拱构件的名称，相当于清代的正心瓜拱。因宋代时两朵斗拱之间是用泥坯填塞的，因此得名泥道拱。泥道拱是与柱头上栌斗相接的第一个拱件。

3 栌斗

又称坐斗、大斗，在一朵或一攒斗拱的最下层，直接承托泥道拱和头翘或头昂的斗。

4 瓜拱

在宋代称瓜子拱，是斗拱构件华拱或昂上的构件。一般来说瓜拱和慢拱多相叠并用，瓜拱承托着慢拱。

5 下昂

是斗拱中沿着建筑进深方向斜置的昂类构件，功能相当于檐下的短梁，用以支撑出檐。下昂一般设置在华拱上部。

6 慢拱

是宋代斗拱构件的名称，相当于清代的万拱。是顺着建筑面宽设置的横向拱，除了第一层栌斗上的横向拱泥道拱之外，其上各层枋上设置的横向拱叫作慢拱。

7 替木

在令拱上方承托梁枋的短木，或者是承托檩、枋接头的短木。

8 耍头

是一种略呈三角形的木构件，设置在内外令拱之间，是拱与昂之间的填充性构件，其外露的端头做批竹状尖头，还有的会加以装饰。

9 令拱

是宋代斗拱构件的名称，相当于清代的厢拱，是斗拱中最外一踩承托挑檐枋，或是最里一踩承托天花枋的拱。通常置于最上层的昂或翘上面。

10 柱头枋

位于柱头正上方，与墙在同一平面内的叫作柱头枋，通常会有多层相叠。

11 罗汉枋

枋与梁一样是置于柱间、截断面为矩形的横木，其方向与建筑的正立面方向一致。罗汉枋则是用来连接开间内各攒斗拱的，也就是说，在撩檐枋和柱头枋之间的都可称为罗汉枋。

八、建筑的围护结构：墙壁

古建筑中大部分建筑为梁柱形式，墙体本身不承受上部梁架及屋顶荷载，但是在围护分隔、稳定柱网、提高建筑抗震刚度方面起着重要作用。此外，在文化层面，墙体不仅是人类安全保护的象征，更是人类与自然空间和谐共生的体现，其独特的形式和装饰，展现了丰富的建筑审美文化。

1. 常见的古建筑墙体用材

古建筑墙体的主要材料涵盖土、石、砖等多种类型。在施工工艺上，土墙的制作方式包括夯土与土坯砌筑两种，前者通过夯实土壤形成坚实墙体，后者则是利用预先制作好的土坯进行砌筑。石墙则分为石块砌筑与石片砌筑两种形式，石块砌筑墙体坚固耐用，石片砌筑则更侧重装饰效果。而砖砌墙体则因其材料易得、施工简便等特点，在建筑中得到了广泛应用，成为古建筑墙体的重要组成部分。

郑州商代土夯城墙

▼ 这座土城墙是我国迄今为止发现的时代最早，规模最大的王朝都城遗址。

《十宫词图册·其四》（局部）清·冷枚

砖墙

石墙

2. 常见的古建筑墙体类型

古建筑中的墙体根据位置区分，可以分为外墙和内墙两类。其中，外墙常见有山墙、檐墙、槛墙。内墙则常见有扇面墙和隔断墙。

外墙

※ 外墙是建筑物与外界环境的分隔。

※ 起到保护建筑免受风雨侵蚀的作用。

※ 在外墙体上开门、设窗，营造建筑物外部屋身虚实相间的空间效果与立面韵律。

山墙

※ 山墙位于建筑物两端，其形式和名称因屋顶形式的不同而有所变化，如硬山山墙、悬山山墙等。

※ 在硬山建筑中若山墙伸出屋顶，当毗邻的建筑发生火灾时能有效阻隔火势蔓延，故又被称为封火山墙。

檐墙

※ 檐墙位于檐檩之下，柱与柱之间，起到围护和装饰的作用。

※ 在后檐位置的为后檐墙，在前檐位置的为前檐墙。但实际上，古建筑中前檐部位一般不设置前檐墙，多为槛墙与隔扇门窗。

槛墙

※ 在有窗子的建筑墙面上，由地面到窗槛下的矮墙叫槛墙。

※ 槛墙常位于建筑的前檐或后檐位置。

内墙

※ 主要用于分隔房间或区域，构成建筑物的内部空间。

※ 内墙的结构和设计通常更注重实用性和装饰性。

※ 内墙上门窗的多少会形成或封闭或开敞，或隔断或连续的室内空间形象。

扇面墙

※ 扇面墙又称金内扇面墙，主要指前后檐方向上、金柱之间的墙体。

※ 扇面墙主要用于分隔和围合空间，增强建筑的层次感。

隔断墙

※ 隔断墙又称架山、夹山，是砌于前后檐柱之间，与山墙平行的内墙。

古建筑房屋中各类墙体示例

中国古代建筑中特有建筑元素：影壁

古建筑中的影壁，亦称照壁、影墙或照墙，是一种独特的建筑元素，起源于中国，具有悠久的历史背景。它通常设置于一组建筑群大门内外，既可作为建筑组群前面的屏障，用以区分内外空间，又能为建筑增添威严和肃静的气氛，赋予其深邃的装饰意义。影壁的装饰特点丰富多彩，其中雕刻尤其是浮雕技法在影壁的制作中占据了重要地位，通过这些技法，可以刻画出人物、动物、花卉、山水等各种题材的墙面，不仅具有装饰性，还反映了当时社会的审美观和价值观。此外，影壁上的装饰图案常常蕴含着丰富的文化符号和寓意，如龙凤、孔雀、瑞兽等，这些形象往往与吉祥、权力、神秘等概念相关联，丰富了影壁的文化内涵，传承了中华文化的精髓。

北京故宫太极殿前的影壁

九、力量的承载：立柱

"立柱"是中国古代建筑的核心构件，肩负支撑梁架与屋顶的重任，是建筑中不可或缺的承重之基。虽说立柱更注重的是实用性，修饰无需太多，但若仔细梳理中国历代建筑中的立柱，其精细的工艺，以及多变的造型，都在无声地展现着中华建筑文化的博大精深。

1. 立柱的历史演变

立柱在各个历史时期都有所应用，但样式细部和处理手法也有发展和变化。早期的立柱多为圆形断面，主要作用是支撑和保护建筑物使其稳固。随着文明的进步，人们开始采用更复杂的结构和装饰来凸显立柱的功能和美学价值。

（1）汉代的立柱

汉代，木结构技术逐渐成熟，立柱的样式也更为丰富，出现了圆柱、方柱和八角形柱等多种形态。

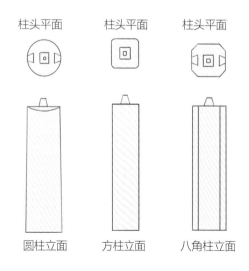

柱头平面　　柱头平面　　柱头平面

圆柱立面　　方柱立面　　八角柱立面

汉代常见的立柱样式

（2）魏晋南北朝时期的立柱

魏晋南北朝时期的立柱多为竖直状，粗壮有力。在柱子的色彩上，普遍施红，不再是只有天子的宫殿才可以用红色，平民的住宅中也可以用。

（3）隋唐时期的立柱

隋唐时期，立柱更为粗大，展现了一种威严的气势。随着佛教的盛行，在色彩上除了朱红色立柱，黑色及青绿色的柱子也开始出现。此外，隋唐时期的立柱在细节处理上也十分用心。例如，柱身往往有收分设计，以增加其稳定性；柱头、柱身、柱脚处也常做装饰，使整体效果更加和谐统一。

（4）宋代的立柱

　　宋代，瓜楞柱的出现为立柱的形态增添了新变化，这种柱式以其别具一格的造型和丰富的装饰性，成为当时建筑风格的独特标志。与此同时，《营造法式》中已有梭柱的做法，这是一种将柱的两端或上端卷杀成梭形的柱子，柱体的上部和下部都做或缓或峻的收杀，且断面为圆形。此外，宋代还大量使用石柱，表面镂刻各种花纹，显示了当时工艺的高超水平。

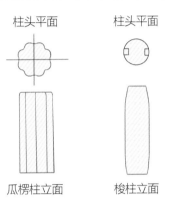

柱头平面　　　　　　柱头平面

瓜楞柱立面　　　　　梭柱立面

宋代常见的立柱样式

（5）元代的立柱

　　到了元代，立柱的装饰风格在一定程度上继承了宋代的特点，但又融入了本民族的特色。例如，元代立柱的装饰多使用彩画，但更注重色彩的对比和变化，使得整体效果更为鲜明。

（6）明清时期的立柱

　　明清时期，立柱的装饰手法进一步成熟，彩画成为主要的装饰方式，使立柱在色彩和图案上更为丰富多彩。这些彩画不仅体现了当时的审美风格，也传承了前代的文化精髓。

《十宫词图册·其二》（局部）清·冷枚

立柱

柱础

2. 常见的立柱种类

根据立柱在建筑布局中的不同位置，常见以下几种分类，如檐柱、角柱、金柱、中柱、山柱等。这些立柱各自承担着不同的结构功能，共同构建出中国传统建筑的稳固框架。

备注：除了上述提及的立柱种类外，还有一种常见的立柱名为廊柱。在我国古代，无论身份地位如何，人们在建造房屋时，都习惯在主屋的外围建造回廊或前后走廊。这些廊子上的屋檐，正是由一种特殊的柱子支撑，那便是"廊柱"。

山柱：位置在山墙之中，并从山墙之内直顶屋脊的柱子，叫作"山柱"。

中柱：处在建筑物纵向定位轴线的中线上、直接支撑脊檩的柱子，通常不在山墙之内。

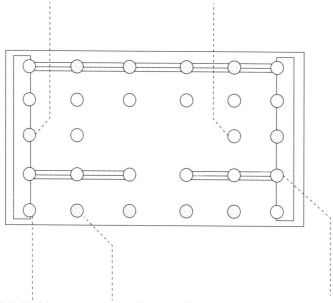

角柱（亦为檐柱）：处于建筑角落的立柱为角柱。宋代《营造法式》中记述的角柱是石构件，即位于转角处的石立柱。

檐柱：位于建筑檐口的立柱，在建筑中支撑着屋檐，通常在屋檐的最外一列，也叫作"外柱"。在楼阁建筑中，其上下层的檐柱，分别称为上、下檐柱。

金柱：位于建筑进深方向中间位置的立柱被称为金柱。在小型建筑中一般只有前面和后面的一列金柱，在一些大型的建筑中可以有数列的金柱，位于檐柱较近的柱子叫作"里金柱"，距离远的叫作"外金柱"。

常见立柱平面图解析

富有时代特征的建筑构件：柱础

柱础位于木柱之下，发挥传输上方重量的作用。其设计精妙，不仅有效地阻断了木柱与地面的直接接触，更起到防止地面湿气侵蚀木柱的作用。柱础的样式在不同历史时期与朝代中，呈现出各具特色的变化。所以说，柱础是富有时代特征的建筑构件之一。

素覆盆柱础

不同历史时期柱础的特点

历史时期	特点
殷商时期	柱础大多为天然石块
秦汉时期	出现了圆形和部分动物纹柱础
魏晋南北朝时期	出现了较多的莲花瓣形柱础
唐宋时期	柱础大多为覆盆式，雕饰花样也较多
元代时期	素柱柱础样式最多
明清时期	北方柱础，尤其是官式柱础多为鼓镜式

覆盆莲花瓣柱础

鼓镜式柱础

十、登堂入室的第一关：门

中国古代建筑中的门，作为建筑文化的重要载体，不仅具备实际功能，更蕴含着丰富的文化内涵和艺术价值。门的种类繁多，形式各异，体现了中国古代建筑的智慧与匠心。从功能性角度看，门在建筑中起到了划分区域、界定空间的作用。此外，门也是建筑自身的一个组成部分，与建筑整体形成和谐统一的设计风格。

1. 划分区域的门

划分区域的门主要用于界定空间范围，其形式多为单体建筑，如巍峨的城门、精致的墙门、典雅的垂花门、象征性的坊门，以及气派的屋宇式大门等。这些门不仅具备实际的分隔功能，更承载着丰富的历史文化内涵。

（1）城门

城门作为城市防御体系的重要组成部分，具有极其重要的地位。它不仅是出入的通道，更是军事防御的关键节点，体现了古代的城市规划理念与防御智慧。城门通常由高大的城墙和厚重的门扇构成，能够有效地阻挡外敌入侵，保障城市的安全。城门的上方往往建有城楼，这些城楼高大雄伟，既是城市的标志性建筑，也是城市防御的重要据点。城楼之上，可以俯瞰整个城市，及时发现并应对潜在的威胁。

北京正阳门

（2）墙门

一般的建筑群，如府第、苑囿等，都设有外围墙，不仅是为了安全防卫，也体现了古代建筑规划中的秩序感和空间感。院内根据不同的功能需求和审美考量，又设有各种类型的墙，这些墙在分隔空间、引导视线和营造氛围方面起到了至关重要的作用。在这些墙上，为了方便通行，通常会安装一些特别的门，一般称之为"墙门"。其中，随墙门是一种常见的墙门。在一般居住建筑中，随墙门的设计相对简单，通常只需在墙体上掏出一个门洞，上面架设一根过木，再加上门槛、门框和门扇即可。对于更为考究的建筑，人们会在过木上增加一些装饰元素，如贴面砖或琉璃面砖，以提升其美观度。更为复杂的随墙门则采用琉璃制作的仿木构贴面附于墙体上，这类门在宫殿建筑中尤为多见。

样式简单的随墙门

（3）垂花门

垂花门主要出现在四合院建筑中，扮演着内宅与外宅（前院）的分界线和唯一通道的重要角色。之所以得名垂花门，是因为其檐柱不落地，而是悬于中柱穿枋上，垂吊在屋檐下，这种悬垂的柱子被称为垂柱。垂柱上通常装饰有花瓣、莲叶等华丽的木雕，以仰面莲花和花簇头为多，并且这些垂柱的下方常有一个垂珠，这个垂珠常被彩绘成花瓣的形式，进一步增强了其艺术美感。除了装饰和分界的功能，垂花门还反映了主人的财富和地位。门当户对、尊卑贫富，首先就体现在门上。从垂花门的华丽程度可以看出主人的爱好、家世以及文化素养的高低。

北京故宫中的垂花门

垂花门的实用性特征

垂花门在四合院中还具有一定的实用性。其上有遮阳挡雨的屋顶，下有宽敞的地面，是妇女们行礼、寒暄、话别、刺绣的理想场地。同时，垂花门也增强了内宅的安全性、神秘感和私密性，旧时人们常说的"大门不出，二门不迈"中的"二门"就是指垂花门。

（4）坊门

坊门，亦称"牌楼"，源自宋代以前城市中的里坊建制。在古代，里坊是城市的基本居住单位，每个里坊都有自己的界限和门户，这些门户便是坊门。它们不仅作为出入的通道，更是城市规划和管理的重要标志。随着时间的推移，坊门逐渐超越了其原始的实用功能，演变为城市中的装饰性建筑。这些建筑以木、砖、石等材料精心构筑，上面往往刻有精美的图案和文字，用以彰显其所在地区或家族的身份和荣耀。

西安永兴坊门

—— 屋宇式大门

《晋文公复国图》（局部）

（5）屋宇式大门

屋宇式大门是古建筑大门的主要形式，它呈现为一种单独的房屋建筑形态，既是门又是屋。这种大门形式在古建筑中非常常见，上至皇帝的宫室，下至普通百姓的住宅，都有广泛的应用。

屋宇式大门的等级划分

根据门柱的位置不同，屋宇式大门还可以细分为王府大门、广亮大门、金柱大门、蛮子门和如意门等多种形式。而这些门的建筑造型和数量体现尊卑等级。

王府大门：王府大门是屋宇式大门中等级最高的，其规模和装饰都体现了尊贵与庄重。一般情况下，是皇家宫殿和王府所用的形式，一般占三间或五间房的位置，两侧有影壁。

北京醇亲王府大门

广亮大门：在房屋的中柱上安装抱框和大门，门前有半间房的空间，房梁全部暴露在外。广亮大门是北京四合院大门的基本形式，也是等级较高的一种，常见于贵族或官员的宅邸。在清代，只有七品以上官员的宅子才可以用广亮大门。

北京民居中的广亮大门

金柱大门：将安装门的位置再往前推，推到房屋金柱上安装抱框和大门，门前有少量空间，这就是金柱大门。金柱大门也是北京四合院大门的一种，等级略低于广亮大门。

北京秦老胡同中的金柱大门

蛮子门：蛮子门的特点在于门扇装在靠外边的门槛下。这种设计在气势上不及广亮大门和金柱大门般宏伟壮观，但优势在于其内部空间较大，可以存放物品。此外，蛮子门前的台阶采用礓磋形式，便于车马通行。

北京民居中的蛮子门

如意门：如意门的基本做法是在前檐柱间砌墙，并在墙上居中部位留一个尺寸适中的门洞。门洞内安装门框、门槛、门扇以及抱鼓石等构件。其门洞的左右上角，通常有两组挑出的砖制构件，砍磨雕凿成如意形象，即"象鼻枭"。门口上面的两个门簪也常刻有"如意"二字。如意门是北京四合院中最为常见的大门形式，其等级上较蛮子门更低。

北京民居中的如意门

2. 建筑物中的门

作为建筑物自身构件的门，它们融入建筑整体，形成和谐统一的设计风格。这类门包括结构坚实的实榻门、造型独特的棋盘门、装饰精美的屏门，以及灵活多变的隔扇门等。这些门在满足通行需求的同时，也通过其独特的造型和装饰，为建筑增添了一份独特的美感。

（1）实榻门

实榻门的历史可追溯至唐代，历经宋、元、明、清等朝代而得以广泛应用。这种门扇由多块厚实木板拼接构成，因其体型庞大且质地坚实而得名"实榻"，在古代建筑体系中占据显著地位，常见于宫殿、庙宇、府邸等重要建筑的大门。实榻门的制作工艺极为精细，选材考究，需经过多道复杂工序精心打造。门扇中的木板通过精湛的龙凤榫或企口缝拼接技术紧密相连，再以穿带（如木条之类的连接件）固定，确保整体结构的稳固性。此外，实榻门常饰以门钉，不仅具有固定门板的实用功能，更以其装饰效果提升了门扇的美学价值。

沈阳故宫中的石榻门

（2）棋盘门

古建筑中的棋盘门也叫"攒边门"，是板门的一种，其独特之处在于其构造方式和外观形态。棋盘门首先以边梃大框作为框架，然后在框架内部安装门板。在上下抹头之间，使用数根穿带横向连接门扇，形成方格状，使门扇的外观看起来犹如棋盘，从而得名"棋盘门"。棋盘门在古代建筑中应用广泛，不仅常见于府邸民宅的大门，也可见于一些寺庙等建筑。

古建筑中的棋盘门

（3）屏门

屏门的主要作用是遮隔内外院或正院与跨院，为建筑提供私密性和空间划分的功能。它通常被用于垂花门的后檐柱、室内明间后金柱间、大门后檐柱，以及庭院内的随墙门上。由于屏门起到了屏风的作用，因此得名。

北京郭沫若故居垂花门后的屏门

体现主人身份地位的抱鼓石

抱鼓石是中国传统建筑中的石雕装饰构件，位于大门底部，宅门入口，形似圆鼓，是门枕石的一种。因其有一个犹如抱鼓的形态承托于石座之上，故得此名。抱鼓石的存在与其主人的政治、经济地位紧密相关。在古代社会，抱鼓石并非可以随意安置，它的使用有着严格的等级划分。皇族或官府门前用的是石狮子形抱鼓石，高级武官门前用抱鼓形狮子的抱鼓石，低级武官门前用抱鼓形兽头的抱鼓石，高级文官门前用箱形有狮子的抱鼓石，低级文官门前用箱形有雕饰的抱鼓石，普通民宅则只能用木质方门墩或门枕石来代替。

（4）隔扇门

隔扇门被广泛用于朝向内院的房屋立面墙，以分隔房屋内部空间。此外，隔扇门的开启与关闭方式灵活，既可以连通内外，又能分隔空间，同时还能透光、通风，因而具有门、窗、墙的功能。

杭州梁肯堂旧居中的隔扇门

十一、引入优美的风景：窗

古建筑中的窗，不仅是建筑实体的重要组成部分，更是建筑艺术和文化的体现。它们不仅具有通风、采光的功能，还承载着装饰、象征等多重意义。此外，窗的种类繁多，具有不同的分类方式。

1. 根据安装位置划分的窗户类型

按照安装位置窗可以分为外檐窗和室内窗。外檐窗主要安装在建筑的外部，起到通风、采光和装饰的作用；而室内窗则安装在建筑内部，主要用于划分空间、调节光线等。此外，根据窗在建筑中的具体安装位置还可以细分为槛窗、横陂窗等。

（1）槛窗

槛窗是"隔扇槛窗"的简称，是安装于槛墙上的短隔扇。其构造由隔心、绦环板及边抹等部件组合而成。槛窗的形态与开启方式与隔扇门颇为相似，区别在于槛窗并无"裙板"这一构件。依绦环板的数量，槛窗可分为三抹、四抹等多种类型。在外檐门窗的组合中，隔扇门与槛窗常配套使用，两者的隔心形态统一，确保了屋身立面效果的整齐与协调。

（2）横陂窗

横陂窗又称"横风窗""障日板"，是安装在隔扇槛窗的中槛和上槛之间的窗扇，通常为固定扇，不开启。横陂窗的设计和安装位置有助于调节整个房屋的光线和通风效果，使室内空间更加明亮、舒适。

横陂窗

四抹槛窗

2. 根据窗扇开启方式划分的窗户类型

古建筑中的窗户类型丰富多样，根据窗扇的开启方式，可以分为支摘窗、推窗（支窗）和吊搭窗等。每种窗户都有其特定的使用场景和优点。

（1）支摘窗

故宫翠云馆的支摘窗

支摘窗，作为明清时期常见的窗型，广泛应用于普通住宅之中，甚至在一些次要宫殿建筑中也可见其身影。其独特之处在于窗扇可支起亦可摘下，设计巧妙且实用。通常，支摘窗分为上下两部分，上部窗扇可向外推出支起，下部窗扇则可完全摘下，因此得名"支摘窗"。在造型上，支摘窗与常见的槛窗有所不同。槛窗多为直立长方形，简洁大方；而支摘窗则多采用横置设计，更具层次感和灵活性。

（2）推窗

故宫缎库北房外檐的推窗

推窗也称"支窗"，其设计原理在于窗扇能够向外推开并支起，从而形成开放式的通风与采光空间。推窗的尺寸通常较大，它横跨间柱两侧，各为一整扇，高度自上槛（或风槛）起始，下至槛墙。相较于其他类型的窗扇，推窗通常不配备额外的边缘装饰，这种设计既体现了其简约大方的风格，也便于日常的清洁与维护。

（3）吊搭窗

故宫坤宁宫前檐的吊搭窗

吊搭窗，也被称为"支挂窗"，其外形与推窗相似，但它们在构造和开启方式上有着明显的不同。吊搭窗主要由竖向木棂条组合而成，上下两端与中腰部安有横撑，横撑通常用三条，俗称"一码三箭"或"一码三枪"。上部边框出头构成两侧轴，由下部开启，再用挂钩支吊，因此得名吊搭窗。此外，吊搭窗还具有一定的实用功能。由于其下部开启的方式，便于调节通风和采光，可适应不同的气候和需求。

3. 根据格心式样划分的窗户类型

根据窗的格心式样进行的分类，古建筑中的窗户确实展现出了较强的多样性。常见的有格子窗、直棂窗、雕花窗、攒接雕镂结合窗等。

（1）格子窗

格子窗是一种由多个小格子组成的窗户，每个小格子可以是方形、矩形或其他形状。这种窗户在外观上给人一种整齐划一的感觉，同时也能够提供良好的通风和采光效果。

《日月合璧五星联珠图》（局部）清·徐扬

整齐划一的格子窗

（2）直棂窗

直棂窗是窗框内用直棂条（方形断面的木条）竖向排列有如栅栏的窗。其特点在于窗棂上下垂直安设，棂子多为三角形，外部为尖角，内部则为平面。这种窗子样式简单，在古代寺院、古庙宇中使用最多。

样式简洁的直棂窗

精美的雕花窗

（3）雕花窗

雕花窗在格心上雕刻有精美的花纹，这些花纹可以是植物、动物、器物等形象，以抽象化的形式和布局表现出来，不仅增添了窗户的艺术性，还使得整个建筑更加生动和富有文化底蕴。这种窗户常见于宫殿、寺庙等建筑。

（4）攒接雕镂结合窗

攒接雕镂结合窗则是将雕刻和攒接工艺结合在一起形成的窗户。攒接工艺是将多个小木块通过榫卯结构连接在一起，形成复杂的图案和形状；而雕镂则是在木料上进行精细的雕刻，使窗户呈现出更为立体和生动的效果。

立体感更强的攒接雕镂结合窗

十二、传统建筑的美化与保护：台基

中国建筑在理念上追求的是"亘古流传"，期望建筑能历经千秋万代而长存。然而，受限于土木材料的固有属性，建筑无法永存不朽。为实现人们对建筑永存不朽的期望，建筑中的"台基"应运而生。台基，即高出地面的建筑底座，其四面以砖石砌筑，内部填充土壤，结构坚固，形态以方正为主。在中国古代建筑中，台基的应用极为普遍，且建筑的等级越高，台基则相应越高大。

1. 台基的构成

古建筑中的台基是一个复杂而精细的构造，其各个部分相互关联、相互支撑，共同构成了古建筑坚固而美观的底座。总体来说，台基的构成主要包括主体部分的台明，以及附件部分的踏跺（俗称台阶）、月台和栏杆。

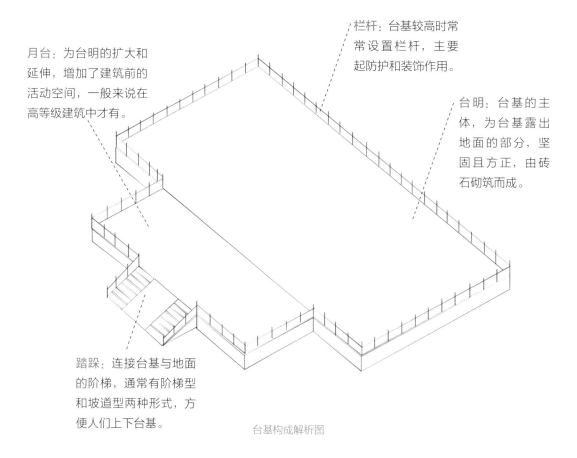

月台：为台明的扩大和延伸，增加了建筑前的活动空间，一般来说在高等级建筑中才有。

栏杆：台基较高时常常设置栏杆，主要起防护和装饰作用。

台明：台基的主体，为台基露出地面的部分，坚固且方正，由砖石砌筑而成。

踏跺：连接台基与地面的阶梯，通常有阶梯型和坡道型两种形式，方便人们上下台基。

台基构成解析图

《十宫词图册·其五》（局部）清·冷枚

栏杆

月台

踏跺

2. 台明的样式分类

台明从样式上可分为普通的平台式台明和须弥座。其中普通的平台式台明根据包砌材料的不同，又可分为砖砌台明和满装石座台明两类。而须弥座则主要用于重要殿堂，属于高等级的台明。

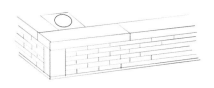

砖砌台明

▲ 台帮部分用细砖，镶边包角用石活或仍用砖作。这种属于低等级的台明。

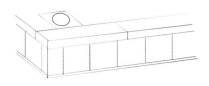

满装石座

▲ 整个台明包括台帮全用石活。这种属于中等级的台明。

须弥座的演变过程

须弥座，源于佛教中的佛座，其形体与装饰均显得尤为复杂。从考古资料来看，最早的须弥座实例可追溯至北朝石窟，当时的形式尚显简朴，主要由数道直线叠砌而成，辅以较高的束腰设计，装饰简约，整体呈对称布局。至唐代，须弥座的风格发生了显著变化，变得更为华丽，装饰性大大增强。而到了明、清时期，须弥座的设计又有所调整，上部与下部基本保持对称，束腰部分变得低矮，莲瓣肥厚，装饰多采用植物或几何纹样，呈现出独特的艺术风格。

太和殿的须弥座

▼ 太和殿的须弥座是故宫三大殿中最为华贵的形式，其所有部位都刻有纹饰，显示了太和殿的庄严与肃穆。

3. 踏跺的样式分类

踏跺一般由砖或石条砌造而成，置于台基与地面之间，稳固又美观，其设计也极为讲究，常见的有御路踏跺、垂带踏跺、如意踏跺、礓磋等。

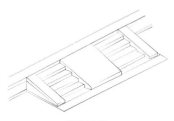

御路踏跺

▲ 主要用于宫殿、寺庙等皇家或重要建筑中。这种踏跺两侧的斜道部分，即御路，通常坡度很缓，用来行车，所以也称为辇道或陛石。

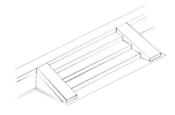

垂带踏跺

▲ 王府大门等高等级建筑多采用垂带踏跺，并根据大门的宽度调整踏跺的尺度，以彰显主人的尊贵身份。

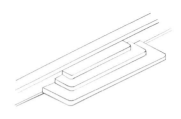

如意踏跺

▲ 如意踏跺的特点在于台阶两侧不设垂带石，踏跺条石沿左、中、右三个方向布置，人们可以从三个不同的方向上下台阶，因此得名"如意"。这种设计使用在人流量较大的建筑门口能够使人方便地进出，也可用于住宅和园林建筑，增添一种别样的雅趣。

台阶的象征意义

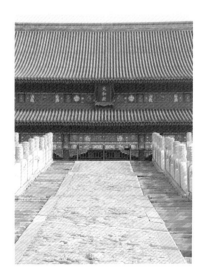

太和殿前的台阶

台阶在古代建筑中具有一定的象征意义。例如，皇宫的正殿往往设有三处台阶，中间的一处台阶称为"陛"，皇帝的尊称"陛下"便由此而来。这体现了台阶在古代社会中的重要地位和象征意义。此外，台阶的数量和形式往往遵循一定的礼法规定，如台阶的数量多为单数，以体现阳宅的阳刚之气。

礓磋

▲ 礓磋指的是以砖石露棱侧砌的斜坡道，特别是在坡度较大的地段，如纵坡超过15%时。为了能通行车辆，常将斜面做成锯齿形，这种设计不仅防滑，也具有一定的装饰性。

4. 月台的样式分类

月台从形制上可分为正座月台和包台基月台两种。这两种月台在形制上各有特色，根据建筑的不同需求和功能进行设计和布局，共同构成了古建筑中独特而重要的月台文化。

（1）正座月台

正座月台位于房身基座前方，特别适合庭院中心居主体地位的殿屋使用。这些殿屋自身体量较大，月台只需在前方延伸，就能形成合适的台面。这种月台的高度通常比台明低一个踏级，也就是 5 寸（1 寸 ≈ 3.33 厘米）左右，这样设计有助于突出建筑主体的庄重与威严。

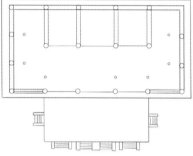

正座月台的形制图

（2）包台基月台

包台基月台则是将基座前半部正侧面全部包合的月台，主要适用于门屋、门殿之类的建筑。由于门的两侧往往是院墙，因此这种月台会向后延伸到墙为止，可以有效地壮大体量不是很大的门屋或门殿的气势。在高度上，包台基月台通常比台明低很多，以适应其特殊的使用环境和功能需求。

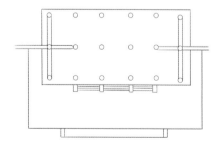

包台基月台的形制图

5. 栏杆的样式分类

栏杆的立面形式多种多样，其中寻杖栏杆和垂带栏杆是两种最常见的形式。寻杖栏杆，也称"巡杖栏杆"或"禅杖栏杆"，其造型优美，线条流畅，是古建筑中常见的栏杆形式。垂带栏杆则通常设置在踏跺两边，具有独特的装饰效果。此外，垂带栏杆与一般栏杆的不同之处是其整体是随着垂带倾斜的，即其望柱与地面垂直，栏板等各构件均与垂带平行。

寻杖栏杆

寻杖栏杆构件分解示意图

十三、建筑风格与文化内涵的展现：铺地

　　铺地是用一种或几种材料对房屋内外的地面进行覆盖处理，使地面硬化的一种做法。铺地作为中国古代建筑技艺的重要组成部分，经历了漫长的发展和演变过程。从夯土到陶砖再到石材的应用，从简单处理到复杂技艺的展现，铺地技艺不仅提升了地面的实用性和美观性，还成为展现建筑风格和文化内涵的重要手段。

《十宫词图册·其七》（局部）清·冷枚

石材铺地

1. 铺地的发展历程

铺地，这一源远流长的建筑技艺在中国的新石器时代就已初现端倪。当时，人们习惯席地而坐，因此室内地面的处理显得尤为重要。为了打造坚实平整的地面，人们采用将夯土夯实加灰再火烧的做法，这种处理方法不仅增强了地面的硬度，还提高了其耐用性。随着陶砖的出现，铺地技艺迎来了新的变革。陶砖以其独特的优势，如易加工、耐磨、防滑等特性，逐渐取代了夯土成为室内铺地的主要材料。而室外地面由于需要承受更大的重量和摩擦，石材成为其主要的选择。石材的坚硬和耐久特性，使得室外地面能够经受住风雨的洗礼，长久保持平整美观。

2. 铺地的常见做法

砖墁地面是一种传统的铺地方式，主要将砖块作为铺设材料。这种铺地方法在中国古代建筑中广泛应用，特别是在宫殿、庙宇、园林等场合，以其坚固耐用、美观大方的特点受到青睐。

按照做法的不同，砖墁地面又可以分为细墁地面和糙墁地面等。其中，细墁地面做法精细，砖料经过砍磨加工，表面平整光洁，多用于室内或较讲究的建筑室外地面。糙墁地面则更为简单，砖料不需砍磨加工，接缝较宽，多用于一般建筑的室外或室内部分地面。

细墁地面

糙墁地面

砖墁地面的高级做法：金砖铺地

金砖铺地，作为砖墁地面的巅峰之作，以其精湛工艺与独特美感堪称一绝。金砖之名，并非指其材质为黄金所铸，而是因其制作之精细、质地之坚实而得名。在铺墁之前，金砖需经过严格的打磨，确保其表面平整光滑；铺墁之后，还需进行烫蜡处理，使金砖呈现出独特的光泽。这种铺地方式，因其高贵典雅的气质与皇家建筑的庄重威严相得益彰，故多用于皇家建筑或重要宫殿的室内地面，以彰显其尊贵地位与非凡气度。

中国古代建筑的类型丰富多样，涵盖了坚固雄伟的城池、气势恢宏的宫殿、庄严肃穆的寺庙、清幽雅致的道观、匠心独运的园林、古朴实用的民居，以及造型别致的桥梁等。这些建筑不仅承载着丰富的历史信息，又以其独特的建筑风格和精湛的工艺技术，展现了中国古代建筑的独特魅力和艺术价值。

第二章

千姿百态

古建筑的类型

一、古代的重要防御设施：城池

　　城指城墙，池指城墙外的护城河或深壕。城池作为中国古代的防御核心，其构造精巧且功能完备。完整的城池建筑包括城墙、城门、瓮城和护城河，各部分紧密配合，形成坚不可摧的防御体系。随着军事技术的发展，为进一步加强城池的防御性，人们开始在城墙上加建角楼和敌楼。这些建筑元素的加入使得城池的防御体系更加完善，更能有效地抵御外敌的入侵。

《早秋夜泊图》（局部）宋·马和之

◀《早秋夜泊图》是一幅以宏伟城楼为背景的佳作。虽然城楼属于画中"虚写"的部分，但建筑结构宛然在目。

1. 城墙

城墙是城防的主体，也是每个中国城池的千年"护卫"。城墙在千年间不断发展变化，由原本的简易土堆逐渐发展成如今包括城楼、城门、马面、马道、角楼、垛口等多种结构的防御体系。

（1）城墙的演变历程

中国古代城墙的演变历程历经多个阶段。早期，城墙以壕沟形式出现，用以防御敌人侵犯。随着生产技术的发展，壕沟逐渐发展为向上堆起的墙体，标志着城墙的诞生。战国至明代，各国为抵御侵略纷纷筑墙，城墙建设得到极大发展，形态逐渐多元化，高度和坚固性也不断提升。古代城墙的演变不仅体现了建筑技术的进步，更承载了政治、经济、文化等多重价值。

诞生期

城墙的雏形可追溯至新石器时代的人类聚居部落。为了保卫领地免受侵犯，各部落开始在聚居地周边挖掘壕沟，形成了初步的防御体系。随着生产技术的进步，聚落逐渐演变为城市，原有的壕沟防御已无法满足需求。于是，人们开始利用土石材料堆砌墙体，逐渐形成了坚固的城墙，为城市的防御提供了强有力的保障。

成长期

在战争频繁的战国时期，燕、赵、魏、秦四国为抵御外敌，各自筑起了城墙。秦始皇统一六国后，将燕、赵、秦三国城墙连接，缔造了著名的"万里长城"。自此，城墙防御体系得以大规模应用。汉代至唐初，城墙体系逐渐完善，至唐宋时期已步入规范化。元代蒙古骑兵因武力强悍而自信，城墙维护渐疏。至明代，朱元璋推动全国建城，长城与城墙的建造均采用更为坚固、完备的材料与技术，城墙建造技艺与规模至此臻于成熟。

落魄期

清代起，新城墙建设停滞，仅对明代遗存城墙进行修缮。鸦片战争后，冷兵器时代终结，城墙的防御功能逐渐失效，不再起关键作用。

（2）城墙中常见的墙体类型

墙体是构成城墙主体的部分，其类型多样，包括土墙、石墙和砖墙等。这些墙体不仅具有坚固的防御功能，而且其材料的选择和构造方式也反映了当时的技术水平和文化特色。女墙则是城墙顶部的薄型挡墙，通常位于城墙内外沿，具有防护和御敌的作用。女墙在古代也被称为女垣或睥睨，位于城墙顶部的内外沿，建在城墙顶部内沿的女墙称为宇墙，建在城墙顶部外沿的女墙则称为垛墙。女墙的形态与功能密切相关，其凹凸形状的设计称为垛口，不仅增强了防御功能，使敌人难以攀爬，同时也为守城士兵提供了观察敌情和射击的便利。

垛墙

宇墙

城墙上的其他常见元素

　　城墙中还包括马道、马面、城楼和角楼等元素。这些元素共同构成了城墙复杂而精细的防御体系，展示了古人在军事防御方面的智慧和技艺。

垛口

马道：马道是供人或运输物料的马匹登城的斜坡道，通常设置于城内交通便利的路口。马道紧贴城墙，坡度范围为 15°~30°，有时呈现相对的"八"字形结构。城墙上马道的数量取决于城池规模的大小。

马面：马面是城墙外侧凸出的方形墩台，用于侧面瞭望及辅助城墙正面士兵作战，同时加固正面城墙。部分城墙的马面之上建有敌楼。马面的间距通常依据两马面间弓箭射程之和确定，以确保射击范围的有效覆盖。

城楼：城楼，即城门之上的楼阁，不仅标明城门位置，还具备监视出入城人员的功能。其建筑多为 1~2 层，汉唐前以门阙形式呈现，两侧设有望楼。初为木结构，至明清时期，因火器发展，城楼改用耐火砖石材料。如今所见城楼，多为砖木结构。

角楼：角楼位于城墙转角，具备同时监视两个方向敌情的战略价值。其形式多样，依据实际环境及战略需求灵活设计。部分城墙因特定考量而不设角楼，体现了古代军事防御的精细化与灵活性。

2. 城门

城门作为城墙的出入口，是城市防御体系中的关键一环，同时也是外敌攻击时的主要突破口。不同规模的城池，城门数量各异，通常介于 2~14 个之间，以适应和配合城内的交通及防御需求。城门的位置与数量均经过精心规划，既考虑到城内的交通通畅，又兼顾防御的严密性。到了明清时期，随着火器的普及和战争形式的改变，城门的防御性能得到了进一步的提升。为抵御炮火的攻击，城门增设了包锭铁叶❶和千斤闸❷等防御设施，使其更加坚固耐用。这些改进措施不仅增强了城门的防御力，也反映了古代军事防御技术的不断发展与创新。

（1）特殊的城门——水门

城中需水，故于城墙特开一门以引河入城，此门即为"水门"。其上所建城楼，则称"水关"。水关的功能多样，既负责引水入城，又具运输交通之便。另外，其防御功能也不可忽视，因此水门的门扇常采用坚固的铁栅栏。

南京东水关遗址

梯形门洞形式

拱券形门洞形式

（2）城门门洞的形态演变

在城池四周，城墙上有一个凸出的城台作为城门的支撑，并在其上开设门洞，供人员与车辆通行。每个城门通常设有 1~5 个门洞，以适应不同规模的交通流量。门洞的形状也经历了历史的演变。最初，门洞多呈梯形，简洁而实用。至宋元时期，随着建筑技术的进步，门洞逐渐演变为拱券形，不仅更加美观，还增强了结构的稳定性。

❶ 包锭铁叶：指在城门表面或关键部位覆盖或镶嵌上铁质的薄片或板材，以增强城门的硬度和抗冲击性。这种加固方式可以有效抵御敌方攻击，如撞击、火烧等，保护城门不会被轻易破坏。

❷ 千斤闸：一种古代城防设施，用于控制城门的开启与关闭。在紧急情况下，可以迅速放下千斤闸，以阻挡敌人入侵或封锁城门通道，增强城门的防御能力。

3. 瓮城

瓮城是指在城门外建造的一座小城，用以加强城堡或关隘的防守。其名称来源于敌人攻入瓮城后，城墙上的士兵可以"瓮中捉鳖"的战术。瓮城的城门通常与正门错开，以防攻城槌等武器的直接攻击，这样的设计增加了敌人攻城的难度。

南京中华门瓮城

（1）瓮城的常见形状

瓮城的形状多样，有方形、梯形、半圆形等，以适应不同的防御环境和战略需求。其个数也根据城池的防御环境确定，有的城池可能只有一个瓮城，而有的则可能有多个。

（2）瓮城的历史溯源

瓮城的历史可以追溯到汉代，但真正普遍使用并发展出多种样式是在宋代。这一时期的瓮城不仅在设计上更加成熟，而且在功能上也得到了进一步的拓展，除了作为防御设施外，还用于管理城市人口的流动和提升城市的文化和艺术价值。

瓮城上的其他常见元素

藏兵洞：藏兵洞常见于瓮城城墙内侧，是城墙内部用砖券❶构造的门洞，对瓮城及城门起到保护作用。在战争时期，藏兵洞不仅可以供士兵休憩，还可以作为储存物资的隐蔽之所，充分发挥其战略价值。

箭楼

藏兵洞

箭楼：箭楼作为瓮城之巅的防御核心，是城墙的坚实屏障。其外墙密布箭孔，士兵据此可精准射箭，有效抵御外敌侵袭。

---

❶ 砖券：使用砖块（有时也结合石材或灰土等其他材料）通过特定的砌筑方式，形成的一种具有弧形或拱形结构的承重构件。这种结构能够有效地分散上部载荷，增强建筑的稳定性和耐久性。

4. 护城河

古代护城河，不仅是城市外围的一道自然屏障，更是军事防御体系的重要组成部分。其深邃的水面，有效地阻止了敌人的进攻，为城内居民筑起了一道坚固的安全防线。同时，护城河还承载着保障民生的重任，为城市居民提供宝贵的生活用水，维系着城市的繁荣与发展。可以说，护城河在古代城市中发挥着不可替代的作用，其重要性不言而喻。

西安护城河

（1）护城河是城市防御体系的关键部分

在古代，城市常常面临战争和侵袭的威胁，而护城河作为城墙外的天然屏障，能够有效地阻止敌人的进攻。它减小了敌人接近城墙的可能性，减少了敌人利用攻城器械进行破坏的机会，从而大大增强了城市的防御能力。

（2）护城河在民生方面发挥着重要作用

护城河是城市用水的重要来源，为居民提供日常生活所需的水。在古代，没有现代的自来水系统，护城河的水成为城市居民生活用水的关键来源。挖掘护城河产生的土则常被用作城墙的主要建筑材料。

二、凸显王权的尊严：宫殿

宫殿，作为帝王、皇后及嫔妃们举行朝会、大典的庄严之地以及居所，其规模宏大，充分彰显着王权的至高无上。在封建社会的背景下，宫殿服务于最高统治者——皇帝，其建造得益于国家在人力、物力与财力上的全力支持。因此，宫殿往往能够荟萃各历史时期的建筑艺术与技术精华，成为展现时代最高建筑成就的典型代表。

1. 宫殿的发展历程

宫殿作为皇权的象征，其发展历程可追溯至远古时期。早期的宫殿简陋，以夯土筑台，茅草覆顶。随着技术进步，宫殿规模渐大，结构日趋复杂，开始使用砖瓦展现华丽风采。历代王朝更替，宫殿风格各异，从秦汉的宏伟大气，到唐宋的精致典雅，再到明清的辉煌壮丽，无不体现着当时的文化特色与审美观念。

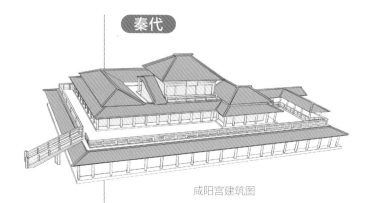

秦代

咸阳宫建筑图

早期

早期的宫殿建筑功能分区明显，宫殿周围的道路纵横交错，宫城方正，建筑基址群沿中轴线规划。夏商时期的二里头宫殿作为最早有明确规划的都邑遗址，其营建规制对后世中国古代都城建设产生了深远影响。

二里头宫殿布局图

秦代宫殿布局严谨庄重，以对称和秩序为主导，宫殿大多呈正方形或长方形，主殿位于中心，周边环绕内院、外院和附属建筑。其中的代表性建筑咸阳宫位于渭水两岸。秦始皇统一全国时，每灭一国便在咸阳塬上仿建其宫殿，宫殿之间的复道、甬道相连，形成了一个繁华都市。然而，项羽攻入咸阳时，咸阳宫大半遭焚毁，化为废墟。

宋代

宋代宫殿建筑规模虽不大，但技艺精湛，辉煌依旧。与前朝不同，宋代宫殿前朝后寝不再位于同一中轴线。北宋皇宫的前身历经变迁，自汴州宣武军节度使的衙署，至梁朝的建昌宫，终至宋代按图改建为皇宫，体现了历史的传承与发展。

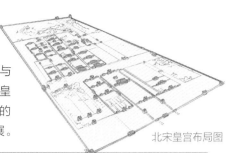
北宋皇宫布局图

唐代

唐代宫殿建筑的功能更明确，布局更规整，注重地理因素选址，大明宫即利用天然地势修建。宫殿分前朝和内庭，前朝用于朝会，内庭为居住和宴游。建筑布局疏朗多样，中轴对称。大明宫辉煌壮丽，影响了当时东亚多国的宫殿建设，但终毁于唐末战乱。

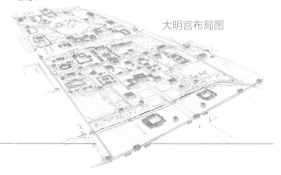
大明宫布局图

元代

元代都城设计彰显皇权至上，全城以中轴线为核心，宫城、皇城、都城正门均位于此线，遵循三朝五门原则，展现雄伟壮丽之貌。元大都宫城建筑群分南北两组，南组大明殿为前朝，北组延春阁为内庭，布局分明，彰显皇家气派。

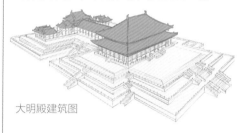
大明殿建筑图

汉代

汉代宫殿建筑的一个显著特色是拥有多个宫殿区域，如未央宫为西汉皇宫，内含众多宫殿建筑群。其设计呈矩形，内有三条主要干道，东西向干路贯穿宫城，中央为南北向干路。干路将未央宫分为南、中、北三区，前殿位于正中，其他建筑环绕。其规划思想对后代宫城和都城建设产生深远影响，奠定了中国宫廷建筑的基本格局。

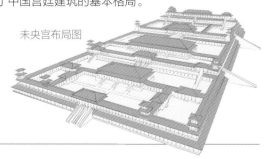
未央宫布局图

明清

紫禁城布局图

明清宫殿的建造技艺卓越，以紫禁城为典范，现称北京故宫博物院。紫禁城遵循"三朝五门"礼制，中轴对称布局，侧翼建筑低矮衬托皇权至上。延续前朝后寝布局，严格按礼制设计，气势磅礴。

2. 宫殿的营造礼制

我国古代的宫殿建筑为彰显皇权的至高无上，均严格遵循《周礼》所规定的"礼制"进行设计。其布局规范严谨，建筑体制、规模与布局均遵循既定制度。宫殿营建时，常恪守"三朝五门"与"前朝后寝"的传统布局原则，确保中轴对称、四隅均衡，以体现皇权的庄重与威严。

（1）三朝五门布局原则

三朝制度始于周代，据《周礼·考工记》所载，三朝是古代帝王因朝事活动内容不同而建造的不同规模的殿堂，包括外朝、治朝与燕朝，亦称大朝、日朝与常朝。此制度明确了举行各类朝事活动的殿堂规格，彰显了古代宫廷的礼仪之严与皇权之尊。而五门则指宫殿自南向北依次设置的皋门、库门、雉门、应门与路门（亦称毕门），这五道门共同构成了宫殿的门户体系，体现了古代建筑规划与布局的严谨与精巧。

（2）前朝后寝布局原则

古代宫殿建筑遵循严格的礼制布局，其中帝王举行朝会的宫殿位于建筑群前部，而

帝后起居的宫殿则置于礼仪宫殿之后。这一礼制可追溯至新石器时代，商周时期已演变为前朝与后寝相分离的布局形式。自汉唐至明清，历代宫殿均恪守此礼制，体现了古代建筑文化中皇权至上与礼仪之道的深刻内涵。

（3）中轴对称布局原则

中国古代宫城的建筑布局严格遵循中轴对称的原则，重要建筑群均位于中轴线上，次要建筑群则巧妙地分布于两侧，形成层次分明、和谐统一的建筑群体。宫殿建筑内部同样恪守中轴对称的法则，虽每组建筑分别构成封闭的独立空间，但内部亦设有南北中轴线，宫门置于轴线南端，前殿、后殿依次排列，配殿则精心布置于前殿、后殿的东西两侧，营造出既独立又统一的宫殿空间格局。

（4）四隅布局原则

宫城的四隅布局设计极为考究，古代称之为"地维"或"四维"，意在东南、东北、西南、西北四方均设楼台，以强化宫城的整体防御与美学效果。根据《周礼·考工记》的记载，四隅之制是中高等级建筑的特色做法，后逐渐被用于皇家建筑及宫城建筑。宫城四面所设的角楼，正是四隅之制在宫城建筑中的生动体现，不仅提升了宫城的防御能力，更丰富了其建筑美学的内涵。

《阿房宫图》清·袁江

▼ 阿房宫被誉为"天下第一宫"，是中国首次统一的标志性建筑。这幅画作是袁江想象中的阿房宫。在画作中，山水与楼阁融为一体，重楼叠阁依山傍水，廊腰缦回，曲水萦环。建筑群落以山水的阻隔层层分开，又层层推进，形成气势磅礴的整体。

三、敬天崇祖的"礼制建筑"：坛庙

坛庙，作为中国古代礼制文化的重要载体，其建筑布局严谨，功能明确。内部常设有享殿、斋宫、具服殿等核心建筑，以及拜殿、神厨、神库等辅助设施，用以承载祭祀仪式，表达对天地神灵的崇敬与祈愿。据《史记》记载，自黄帝时期起，封土为坛、祭祀天地鬼神的传统便已形成，至夏商时期，祭祀文化更是达到鼎盛，体现了古人对天地自然与宗教信仰的深刻理解和虔诚尊重。

1. 坛庙建筑的表现手法

坛庙建筑在表现手法上独具匠心，主要体现在园林环境的营造、严谨有序的建筑布局、显著的主体建筑地位、严格的建筑等级制度，以及巧妙象征手法的运用上。这些特点共同构成了坛庙建筑的独特魅力，不仅彰显了古代社会的礼制秩序，还深刻表达了人们对天地自然的敬畏与尊重。

（1）精心营造的园林环境

皇家坛庙通常占地广阔，以主体建筑为中心，外围环绕围墙，并广植松柏，营造出庄重肃穆且富有自然之美的园林环境。

（2）建筑布局严谨有序

建筑群常沿中轴线对称布置，前导建筑依次排列，主体建筑空间宏大，后续空间逐渐收缩，形成层次分明的空间序列。

（3）主体建筑地位显著

坛庙的主体建筑不仅在设计上独具匠心，展现出精巧细致的艺术美感，更在规模上显得宏大壮观、气势磅礴。其建筑形态庄重典雅，结构稳固且富有层次。

（4）建筑等级制度严格

在一组建筑中，主次建筑的体量、形式、装饰、色彩等均遵循严格的等级制度，彰显古代社会的礼制秩序。

（5）象征手法的巧妙运用

如圆形象征天，方形象征地，五色则象征五方、五行等，这些元素和符号的运用，巧妙地表达了坛庙的特殊用途和文化内涵。

▼ 此画描绘的是《诗经·周颂》的内容，其内容是西周初年周王朝祭祀宗庙的舞曲歌辞，用典重的词章歌颂祖先的功德并祈求降福子孙。

《周颂清庙之什图》（局部）宋·马和之

2. 坛庙建筑的发展历程

据《考工记》所载，夏代即有祭祀之世室，商朝则筑重屋以祀，周朝则建明堂以行祭礼。汉代始，坛与庙正式分离，并确立了严谨的祭祀礼仪等级。自此之后，历朝历代均致力于坛庙建筑的修建，不仅数量上持续增长，更在祭祀制度上不断完善，形成了独具特色的文化体系和礼制规范。

史前时期

史前时期，人类进化，思想情感萌芽，产生报答长辈与祈求祖先庇佑的观念。面对无法解释的自然灾害，人类寄希望于自然，神化自然以求保护，催生了各时期的祭祀建筑。

特点：史前坛庙虽不及后世完善，但祭祀文化原始而深刻。其"左东右西"的方位观、多单元的主体建筑、女神塑像的等级差别，均展现了殿堂雏形与等级制度，为后世的建筑发展奠定基础。

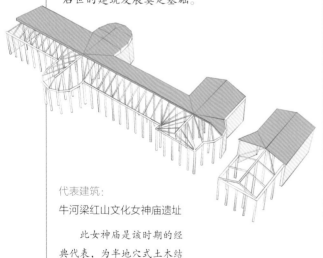

代表建筑：

牛河梁红山文化女神庙遗址

此女神庙是该时期的经典代表，为半地穴式土木结构建筑，平面呈中字形。

夏商周时期

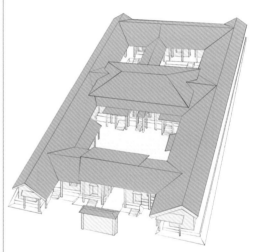

代表建筑：

陕西岐山凤雏村周代宗庙遗址

此遗址是由多个建筑单体组成的四合院式建筑群。

夏商周时期，先民对自然神祇和祖先皆有祭祀，周代对于祖先的祭祀更为重视。

特点：周代宗庙建筑规整，布局主次分明，功能组织得当，为后世宗庙建筑奠定了良好基础。其"左祖右社""天道尚左"的思想在建筑中得以体现，彰显出深厚文化底蕴。

明清时期

明太祖朱元璋建明朝后，为稳定汉蒙关系，创历代帝王庙，开国家祭祀之先。后建天坛、地坛等，分类明确，等级鲜明，彰显皇权与礼制。

特点：明清坛庙建筑逐渐规范化，分别设坛立庙来祭祀自然神祇和祖宗先贤，且坛庙间有等级差别，如臣民宗庙不得超帝王庙，屋顶、脊兽等皆有规定。

代表建筑：

太庙享殿

太庙享殿是中国现存规模最大的金丝楠木宫殿，坐落在三层汉白玉须弥座上，整体气势雄伟。

唐宋时期

唐代整顿祭祀之礼，明确山、川、神祭祀，册封神明，从而在宗教仪式上构建了天界秩序与人间封建等级制度的象征性对应关系。在这一时期，明堂鼎盛，象征帝王政权，功能多样。但到了宋代金兵入侵，明堂被毁，大型礼制建筑兴建结束，后世再无明堂。

特点：坛庙建筑更具有规范性、建筑布局更严谨，建筑部件的尺寸、形状、数量等象征意义很多。

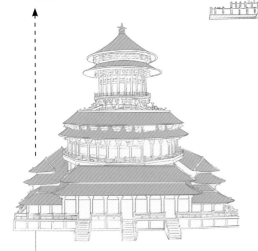

代表建筑：

武则天洛阳明堂

此明堂为楼阁式，体现出武则天的权威与当时的强盛国力。但唐玄宗时期曾下令拆除明堂的第三层，后明堂经安史之乱被焚毁。

秦汉时期

秦汉帝王为巩固统治，昭示"君权神授"，增祭山川鬼神，设坛立庙，行封禅典礼。传说中，曾有帝王在泰山顶上筑圆坛以报天之功，称为封；在泰山脚下的小山上筑方坛以报地之功，称为禅。

特点：依旧遵循"左东右西"方位观念以及"左祖右社"的制度。同时整体都以中线为轴，呈对称关系。

代表建筑：

汉平帝明堂遗址

明堂位于遗址正中央的夯土高台上，四面围以正方形围墙，每面围墙正中辟门，围墙内四角为曲尺形配房，正方形围墙外围是圆环形水渠，即辟雍。

3. 坛庙建筑的分类

随着祭祀制度的完善，坛庙建筑的分类愈发精细。从宏观分类来看，主要可归为坛、庙两大类。进一步细化，这两大类又可根据祭祀对象的不同，细分为多种类型。

（1）坛

坛，又称丘，是专为祭祀天地、日月星辰、山川大地及农谷水旱等自然神灵而设的建筑物，其文化内核根植于自然崇拜。依据所祭拜对象的差异，坛可细分为天坛、地坛、社稷坛、日坛、月坛、先农坛等，每一类都体现了古人对自然力量的敬畏与尊崇。

天坛

北京天坛祈年殿

古代天坛的主要作用是作为皇帝祭祀天地之神的场所，尤其是祭天仪式的核心地。天坛不仅体现了古人对天地自然的敬畏和感恩，也巩固了皇权。同时，它还用于祈谷求雨，以应对自然灾害。天坛的建筑和祭祀活动均彰显了"天人合一"的哲学思想，表达了天、地、人三者之间的和谐共生关系。

代表建筑：北京天坛

北京天坛是中国现存最大的古代祭祀建筑群，其布局严格遵循"天圆地方"的宇宙观。围墙南部呈方形，象征地；北部呈圆形，象征天。中轴线上，圜丘坛、皇穹宇和祈年殿等主体建筑依次排列，彰显着对天地之神的崇敬与礼赞。

地坛

地坛亦称方泽坛，是专门用于祭祀地神的庄严坛庙，承载着古人对大地母亲的崇敬与祈愿，体现了对自然力量的敬畏与尊重，在古人心目中是连接天地、人神的圣地。

代表建筑：北京地坛

北京地坛的建筑布局严谨，分为内坛与外坛两大区域，遵循北向为尊的原则，核心建筑群集中于内坛的中轴线上，展现了对地神的崇拜。

社稷坛

社稷坛作为古代祈求五谷丰登的重要祭祀场所，遍布于各城邑之中。每逢春秋仲月上戊日，皇帝亲临此坛举行祭祀大典，且在战争、班师及旱涝灾害等特殊时刻，亦会选择在此举行相应仪式。明清两代，社稷坛更是帝王祭祀太社、太稷的神圣之地，主体建筑涵盖社稷坛、拜殿、神库、神厨及宰牲亭等，彰显皇家祭祀的庄重与神圣。

代表建筑：北京社稷坛

北京社稷坛的建筑布局严谨，内外坛墙分明，外坛东墙设有三座东向大门，其中东北门为帝王祭祀时的专用通道。

北京社稷坛中山堂

日坛

北京日坛宰牲亭

日坛作为祭祀太阳的圣地，承载了古人对光明与温暖的崇敬。据《礼记·王藻》记载，历代帝王皆在都城的东郊举行盛大的祭日仪式，以此表达对太阳的敬畏与感恩。

代表建筑：北京日坛

日坛的坛墙❶外墙为圆形，台面为方形，遵照"天圆地方"的设计原则。由于祭拜对象为太阳，所有坛内各建筑的长、宽、高等尺寸的尾数皆为阳数（奇数）。

月坛

北京月坛钟楼

月坛是专门用来祭拜月亮和天上诸星宿的圣地。它承载着古人对月亮和星辰的崇敬与祈愿，象征着对宇宙奥秘的探索与敬畏，是古人沟通天地、人神的桥梁。

代表建筑：北京月坛

北京月坛突破了以中轴线为主的格局，其选位、规划、建筑都是按照阴阳、五行等学说进行设计的。月坛的外坛墙呈方形，东墙、北墙各有一座门，均面阔三间，北门东有角门一座。坛内主要建筑有拜坛、具服殿、神库、神厨、钟楼等。

先农坛

先农坛是明清两代皇帝祭祀山川、先农神等诸神的圣地，象征着对自然与农业的崇敬和祈愿。皇帝们在此祈求风调雨顺、五谷丰登，彰显了对农业生产的重视和对大自然的敬畏。

代表建筑：北京先农坛

北京先农坛平面布局独特，北圆南方，分内外坛，核心建筑集中于内坛，用于祭祀先农神与举行耕籍礼。其建筑风格摒弃传统的"中轴对称"原则，依据祭祀需求分为先农神坛、太岁殿、庆成宫、天神地祇坛三组独立建筑群，是全国最高等级、规模最大、保存最完整的古代祭农圣地。

北京先农坛太岁殿

❶ 坛墙：在古代建筑研究中，通常被归为"礼制建筑""祭祀建筑"或"坛庙建筑"的范畴。坛是指用于祭祀天、地、社稷等活动的台型建筑。

（2）庙

庙，原指专供天子、诸侯祭祀祖先的圣地，后逐渐拓展至祭祀各类神灵和纪念各类圣哲先贤的庙宇，如文庙（祭祀孔子）。南宋前，臣民祭祖之地称家庙，朱熹《家礼》始改称祠堂。其中，五岳庙代表对山川的崇敬，宗庙则缅怀祖先，孔庙则彰显对孔子的敬仰，这些庙宇共同构成了中国丰富而深厚的祭祀文化。

五岳庙

五岳庙，作为专门祭祀五岳山神的圣地，承载了古代帝王对山川的崇拜。五岳，即东岳泰山、南岳衡山、西岳华山、北岳恒山、中岳嵩山，象征着五方帝的神圣居所。古代天子巡狩五岳，以示对自然力量的敬畏。为祭祀五岳山神，历代皇帝在五岳脚下各建庙宇，这些庙宇统称为五岳庙，成为祭祀五岳山神的主要场所。

泰安岱庙

建筑布局特点：在五岳庙的众多庙宇中，多数采用矩形平面布局，主要建筑沿中轴线对称排列，凸显了庄重的祭祀氛围。其中，主体建筑作为庙宇的核心，其规模宏大，通常占据显要位置。以泰安岱庙为例，其主殿天赐殿面阔五间，进深三间，内部中心设有藻井，殿前月台宽敞，四周环绕精致雕栏，尽显古代建筑艺术的精湛与庄重。

景德崇圣殿

建筑布局特点：帝王庙的建筑布局遵循严格的规制。明代起，民间开始联宗立庙，至清代则制定了详尽的祠庙制度，明确规定了不同官阶宗祠的开间与台阶尺寸，使宗祠成为礼制建筑的典范。祠堂布局多样，包括朱熹《家礼》中记载的正寝之东设四龛以奉四世神主的唐宋三品官家庙形式，改建先祖故居的因地制宜式，以及独立大型祠堂的轴线对称式。其中，享堂是祭祀、仪式与聚会的核心场所，寝堂则用于安放祖先牌位。

帝王庙

帝王庙作为帝王及其臣民祭祀祖先的庄重场所，体现了对先祖的深切敬仰与缅怀。同样，为宗族祭祖而建的祠堂，亦属礼制坛庙建筑的范畴，承载了家族对先祖的追思与尊崇。后来，臣民的家庙统一更名为祠堂，更加凸显了其作为家族祭祀中心的专业性与规范性。

孔庙

孔庙作为专门祭祀伟大历史名人孔子的圣地，不仅体现了对孔子思想的崇高敬意，更承载了中华民族对传统文化的深厚情感。在众多祭祀历史名人的庙宇中，孔庙因其建筑分布广泛、影响深远而独树一帜。其建筑风格独特，文化内涵丰富，成为传承和弘扬孔子思想及中华传统文化的重要载体。

建筑布局特点：孔庙的建筑布局严谨而独特，其核心由两大建筑群构成。一是以大成殿为中心的祭祀建筑群，专用于祭孔典礼；二是以明伦堂为中心的官学建筑群，负责传承儒家学说。这两大建筑群在各地孔庙（文庙、夫子庙）的分布和布局不尽相同，形成"内庙外学""前庙后学""左学右庙""左庙右学"四种基本模式。然而，其内部建筑却保持统一标准：祭祀建筑群由大成殿、东西两庑组成，主轴线上配备照壁、半池、大成门等辅助建筑；官学建筑群则以明伦堂为中心，辅以东西庑、学池等，周边多建有名宦祠、乡贤祠等辅助建筑。

曲阜孔庙

四、历史悠久的佛教建筑：寺庙

在秦代以前，"寺"通常指代官舍。东汉时期，随着佛教传入中国，那些专为从西方来的高僧提供的居住和修行场所开始被称为"寺"。由此，"寺庙"这一称谓逐渐确立，并成为中国佛教建筑的专有名词，专指供奉佛像、供僧侣修行和信徒朝拜的宗教建筑。

1. 寺庙的发展历程

佛教寺庙的发展历程是一个与中国文化不断融合、不断本土化的过程。从最初的塔式建筑到后来的大殿中心制，佛教寺庙在中国经历了从模仿到创新、从简单到复杂的转变。同时，佛教寺庙也经历了多次兴衰，但始终保持着在中国文化中的重要地位。

（1）佛教寺庙的初期形态

佛教建筑始于东汉，最初的形式主要借鉴了印度的塔式建筑。这些塔通常用于存放高僧的舍利（象征着佛教的圣物）。为了表示对舍利的尊重，塔被放置在寺庙的中心位置，四周设有僧房，供僧人学经和日常生活使用。这种布局体现了佛教初入中国时，与中国传统文化和宗教建筑的初步融合。

（2）佛教寺庙的发展

随着时间的推移，佛教在中国逐渐传播并深入人心，寺庙的建设也进入了繁荣时期。富户和达官贵人开始捐建寺庙，这些寺庙在规模和奢华程度上都远超早期。如《三国志》中记载的丹阳人笮融所建的大佛寺，不仅规模宏大，还装饰华丽，吸引了众多信徒前来朝拜。

（3）佛教寺庙的转型

从南北朝到唐代，佛教寺庙的建筑风格发生了显著变化。供奉佛像的大殿逐渐取代了塔的中心地位，成为寺庙的主体建筑。这一变化反映了佛教在中国本土化的过程，也体现了中国文化对佛教建筑的深刻影响。同时，佛教建筑的奢华程度也达到了新的高度，体现了当时社会的繁荣和信仰的普及。

洛阳永宁寺遗址

▲ 北魏时期，洛阳的永宁寺作为规模最大的佛寺，其遗址展现出严谨的建筑布局。遗址平面呈长方形，四周筑有围墙，其中山门、佛塔及正殿均沿中轴线排列，佛塔雄踞中心，正殿则紧随其后。尤为显著的是，塔基的遗址位于围墙内正中央，形状规整，呈正方形，这一布局体现了北魏时期佛教建筑的庄重与严谨。

（4）佛教寺庙的兴衰

佛教寺庙的繁荣并非一帆风顺，历史上曾多次出现灭佛事件，如北周武帝和唐武宗时期的灭佛运动。这些事件对佛教寺庙造成了巨大破坏，许多寺庙被毁，佛教文化也遭受重创。然而，在这些灾难之后，佛教寺庙往往能够重新焕发生机，继续在中国文化中扮演重要角色。

▼ 中国最早的佛教建筑白马寺，始建于东汉明帝永平十一年（68年），为首批来华传教僧人的居所，是中国佛教初兴的标志，被誉为"祖庭"与"释源"。1990年前，寺内主要建筑包括山门、殿阁与齐云塔院。此后，经重建，现今白马寺占地约4万平方米，拥有百余间建筑。寺院坐北朝南，中轴对称，布局严谨，主要建筑沿中轴线分布，彰显佛教建筑之庄重与肃穆。

洛阳白马寺的藏经阁

2. 常见的寺庙类型

中国古代寺庙在宗教和地域文化的影响下，形成了各具特色的建筑风格与功能。按照宗教类型，可以将其大致分为汉传佛教寺庙和藏传佛教寺庙。虽然，汉传佛教寺庙和藏传佛教寺庙在建筑风格、供奉对象以及地域分布等方面都存在显著差异，但都承载着深厚的宗教文化内涵，是中国古代文化遗产的重要组成部分。

（1）汉传佛教寺庙

汉传佛教寺庙主要供奉佛、菩萨等，起源于东汉，逐渐发展并承袭中国古代建筑特色。其布局严格遵循中轴对称原则，以大殿为中心，主要佛殿法堂依次沿中轴线排列，配殿分居两侧，彰显尊卑有序。唐宋时期，"伽蓝七堂"制的格局成为典范，包括山门、天王殿、大雄宝殿，整体布局庄重肃穆。寺庙建筑多采用木构架，人字形屋顶，上铺青瓦或琉璃瓦，展现了中国古代建筑的独特魅力。

（2）藏传佛教寺庙

藏传佛教寺庙分布广泛，主要有藏式喇嘛庙、汉藏结合式喇嘛庙和藏传佛教汉式喇嘛庙三种形式。藏式喇嘛庙依山而建，布局灵活，主要建筑突出；汉藏结合式喇嘛庙受汉传佛教影响，沿中轴线布局主要建筑，并融合藏式装饰；藏传佛教汉式喇嘛庙则采用"伽蓝七堂"制，局部装饰体现藏式特色。这些寺庙以璀璨的金顶、雕工精细的门窗和精湛的鎏金技术为显著标志，内部装饰如彩画、壁画等展现了藏族独特的艺术风格，体现了佛教文化在高原地区的深厚底蕴。

西藏布达拉宫

3. 寺庙的巅峰代表——石窟寺

魏晋南北朝时期，寺庙发展至鼎盛，石窟寺成为主流。石窟寺依山而建，兼具拜佛、起居、禅修等功能。其内雕刻佛像或绘制壁画，不仅作为宗教场所，更是雕刻与绘画艺术的融合体现，展现了当时宗教与艺术的双重繁荣。

（1）中国石窟寺的分布

石窟寺以其坚固耐久的特性，成为僧侣和信徒积累功德、祈求福报的优选之地，多开凿于依山傍水、环境清幽的地理位置。中国的石窟寺主要集中于北方黄河流域，其中敦煌莫高窟、天水麦积山石窟、威武天梯山石窟等代表了以凉州为中心的独特风格。隋唐至宋代，洛阳龙门寺、广阳北石窟寺等石窟更是享有盛名，体现了中国石窟艺术的辉煌成就。

敦煌莫高窟

莫高窟又称千佛洞，始建于十六国的前秦时期，据记载一位叫乐僔的僧人路过了敦煌，突然发现有万道金光，犹如佛尊降临，于是虔诚的他便在这里开凿了第一个洞窟。后来人们不断开凿，历经多个朝代的兴建才形成了现在上下五层，南北长约 1600 米的规模。莫高窟现有洞窟 735 个，泥质彩塑 3000 余身，壁画总面积达到了 4.5 万平方米，是世界现存的石窟艺术中，规模最大、内容最丰富的石窟。

天水麦积山石窟

麦积山石窟始建于后秦，历经十余个王朝 1600 余年的开凿修缮，现存 221 个窟龛，壁画近千平方米，造像逾万，被誉为"东方雕塑陈列馆"，其泥塑艺术涵盖宗教、建筑等领域。2014 年，麦积山石窟作为丝绸之路的重要节点，被联合国教科文组织列为世界文化遗产。

威武天梯山石窟

威武天梯山石窟是中国早期石窟的艺术代表，被誉为"石窟鼻祖"。始于北凉，经历北朝、隋唐至明清，传承千年。现存洞窟三层，共 18 个，以 13 号大佛窟为中心，分上中下三层布局。窟内佛教造像、壁画及文物丰富。其中，北凉洞窟以 1、4、18 窟为代表，为中国内地较早的中心柱窟，具有独特的艺术风格和历史文化价值。

洛阳龙门寺

洛阳龙门寺也被称为"龙门石窟"，是中国石刻艺术宝库之一，始凿于北魏孝文帝年间，盛于唐，终于清末。现存窟龛 2340 个，题记和碑刻 2680 余品，佛塔 70 余座，造像 10 万余尊。其中最大的佛像高达 17.14 米，最小的仅有 2 厘米。这些都体现出了中国古代劳动人民卓越的艺术成就和丰富的想象力。

广阳北石窟寺

北石窟寺是甘肃省境内唯一全部用石雕进行佛像造型的石窟，其佛像造型将石刻、浮雕以及雕塑艺术予以完美阐释。北石窟寺的石窟分上中下三层，其中以北魏奚康生开凿的 165 号窟年代最早、规模最大、艺术价值最高。它是以七佛为内容的大型窟，开创了我国石窟艺术中七佛造像的先例。窟门口立有两位巍峨高耸的力士，非常大气磅礴。

（2）石窟寺中石窟的常见形制

石窟寺中的石窟形制多样，包括中心柱窟、佛殿窟、佛坛窟、大像窟、涅槃窟等五种主要类型。此外，还有禅窟供禅僧修行观象，影窟用以纪念高僧，以及瘗窟用于安葬僧侣，这些特殊形制丰富了石窟寺的宗教与文化内涵。

中心柱窟

中心柱窟又称塔庙窟或塔柱窟，源于印度的支提窟，其显著特征为窟中矗立中心柱，原为佛塔，传入中国后演变为中心柱形式。中心柱四面开龛，内置佛像，侧壁亦设龛位以置佛像。北魏时期开凿的须弥山石窟中即有大型中心柱窟的实例。然而，隋唐以降，佛殿窟逐渐取代中心柱窟，后者随之减少直至消失，反映了佛教艺术在中国的发展历程。

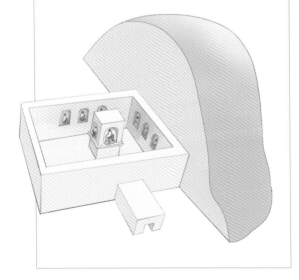

佛殿窟

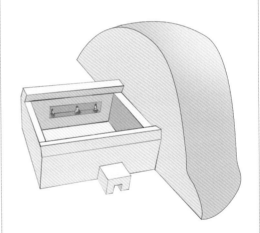

佛殿窟也称方形窟，是模拟寺院佛殿功能的洞窟形式。其平面布局多采用方形设计，窟顶则呈现多样化，包括券顶、穹隆顶、斗四套斗顶、盝顶，以及极具中国特色的覆斗顶等。其中，覆斗顶尤为突出，体现了中国本土的建筑风格。在佛殿窟中，佛像的摆放位置多位于正壁或侧壁，尤以正壁一龛窟的布局模式最为常见，展现了佛教艺术的传统与特色。

佛坛窟

　　佛坛窟的显著特征在于窟内设有方形或长方形的佛坛，佛像摆放其上，而四壁则不再设置佛像。这一形式可追溯至北朝时期，至唐代后期，莫高窟的佛坛窟开始广泛流行。此外，四川广元石窟、河南龙门石窟等地也可见此类石窟，体现了佛教艺术在地域上的传承与发展。

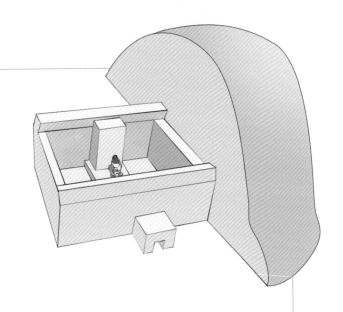

大像窟

　　大像窟的显著特征在于窟内雕凿或塑造有高大的佛像，给人以震撼之感，令人难以忘怀。这些石窟的开口设计较大，以充分展现佛像的雄伟气势。同时，为防雨水侵蚀，大像窟前多建有屋檐或楼阁，既保护石窟又增添了庄严肃穆之感。

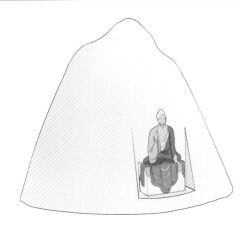

涅槃窟

　　涅槃窟专门用于安置佛祖涅槃像。其平面布局多呈横长方形，窟顶设计多样，包括盝顶、梯形顶、横券顶等。窟内核心为宏大的涅槃像，置于正壁的涅槃台上，呈现佛祖涅槃的庄严场景。北朝时期，涅槃窟在西北和中原地区已有出现，但多非主像。至唐代，莫高窟中出现以涅槃像为主尊的洞窟，彰显了佛教艺术的传承与创新。

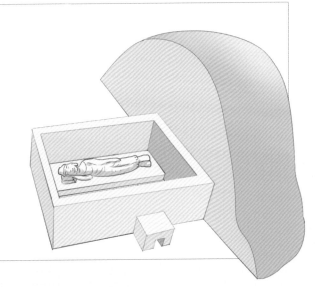

4. 寺庙中的主要建筑——佛塔

佛塔是一种极为特殊的建筑，在寺院中占据了重要的位置。在早期的佛寺建筑中，一般的建筑布局为寺门在前，门后为塔，塔后建有佛殿，塔为寺的主体建筑。一直到唐代，这种以塔为主体的建筑布局才逐渐转变为以寺殿为主的布局。

（1）佛塔的组成

佛塔的样式各异，但结构基本统一，主要包括地宫、塔基、塔身、塔刹等几大部分。每一部分都承载着深厚的佛教文化意义。

塔身：是佛塔的主体，塔层一般为奇数，有的塔身上开有门洞，早期多为方门洞，后出现拱券门。同时，塔身有实心和空心两种。实心塔的内部用砖石或土填满，结构简单；空心塔的内部会有楼梯，可以供人登高，它是中国佛塔与中国楼阁式建筑的结合，具有中国特色。

地宫：位于塔基之中，外表看不出来，却是佛塔最重要的部分，是埋藏舍利的地方。印度的佛塔都是将舍利直接埋藏于塔内，但中国有深葬的习惯，所以就产生了地宫这个部分。地宫一般都是由砖石砌成。

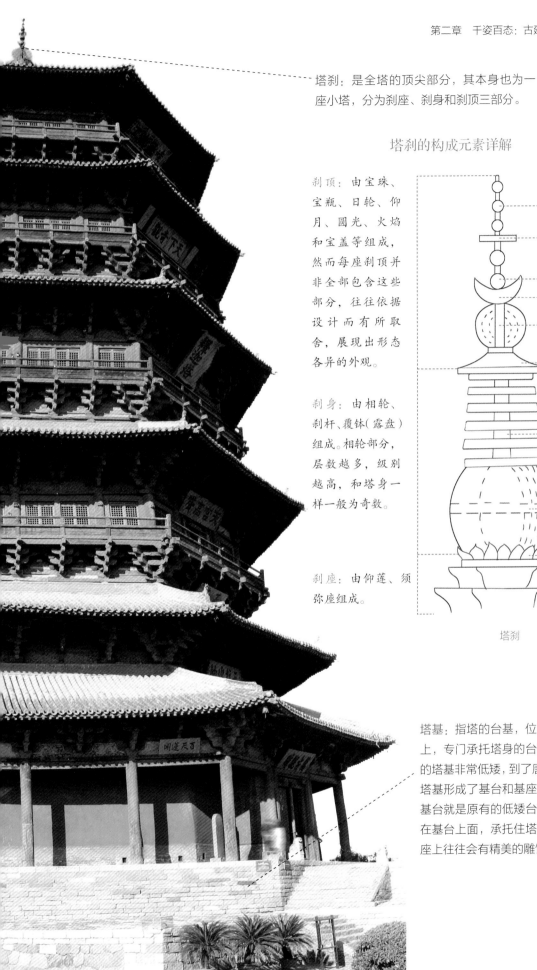

塔刹：是全塔的顶尖部分，其本身也为一
座小塔，分为刹座、刹身和刹顶三部分。

塔刹的构成元素详解

刹顶：由宝珠、宝瓶、日轮、仰月、圆光、火焰和宝盖等组成，然而每座刹顶并非全部包含这些部分，往往依据设计而有所取舍，展现出形态各异的外观。

刹身：由相轮、刹杆、覆钵（露盘）组成。相轮部分，层数越多，级别越高，和塔身一样一般为奇数。

刹座：由仰莲、须弥座组成。

宝珠

宝盖

日轮

仰月

圆光

相轮

刹杆

覆钵

仰莲

须弥座

塔刹

塔基：指塔的台基，位于地宫之上，专门承托塔身的台基。早期的塔基非常低矮，到了唐代以后，塔基形成了基台和基座两部分。基台就是原有的低矮台基，基座在基台上面，承托住塔身。在基座上往往会有精美的雕饰。

（2）佛塔的常见样式

佛塔的样式繁多，涵盖覆钵式、楼阁式、亭阁式、密檐式、覆钵密檐混合式、金刚宝座式、经幢式及宝箧印经式等，每种样式均承载了深厚的佛教文化内涵与独特艺术魅力。

《燕山八景图之琼岛春荫》（局部）清·张若澄

▼ 此画绘制的是北京城著名的"燕京八景"中的"琼岛春荫"，其中挺拔的白塔在众多建筑中尤为显眼，而白塔则是比较经典的覆钵式佛塔。

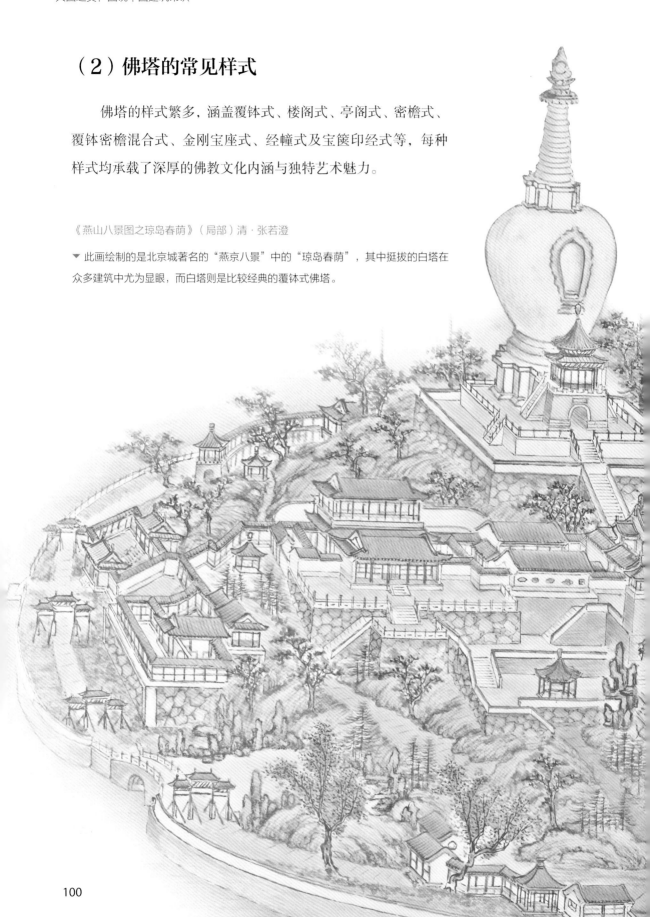

塔刹

相轮

华盖

覆钵

金刚圈

北海白塔

覆钵式塔

　　受古印度窣堵波影响，覆钵式塔形似倒扣的钵盂，其源自尼泊尔，兴于西藏地区，俗称喇嘛塔。随着藏传佛教的东传，逐渐在汉族人生活的地区兴旺。其结构由塔身、覆钵、相轮、华盖、塔刹这五个部分组成。

楼阁式塔

楼阁式塔源于中国传统的楼阁建筑，其平面形式多样，涵盖正方形、六角形、八角形，以及十二角形等，建筑材料则涵盖木、砖、石、琉璃等。结构上，楼阁式塔通常包括塔刹、塔身、塔基及地宫四部分。

慈云塔

塔刹

塔身

塔基

初祖禅师塔

亭阁式塔

亭阁式塔为楼阁式塔的简化版，单层的楼阁式塔也可称为亭阁式塔。其平面以方形居多，也有八角形、六角形和圆形；材质上多为砖、石。亭阁式塔盛行于宋、辽、金时期，元代以后几乎绝迹。现存的亭阁式塔一般是僧人的墓塔。其结构与楼阁式塔结构相同，包括塔刹、塔身、塔基、地宫四部分。

法华寺遗址五塔

密檐式塔

广义上，密檐式塔与楼阁式塔常并存。同时，多层密集屋檐的塔，也可称为密檐式塔。需要注意的是，大部分的密檐式塔只有一层塔身，塔身四周设门窗，塔身以上完全是屋檐的重叠，这种塔就是名副其实的密檐塔。

覆钵密檐混合式塔

覆钵密檐混合式塔是佛塔中独特的混搭风格，结合了密檐式或楼阁式与覆钵式的特点，一半展现密集屋檐或楼阁结构，一半呈现覆钵形状，极具创意与特色。

云居寺北塔

碧云寺金刚宝座塔

金刚宝座式塔

金刚宝座式塔由大型塔座（即金刚宝座）和多座小型佛塔组成，多为石塔，平面可方可圆。实际上，金刚宝座式塔是对佛教世界中曼荼罗的模仿，主塔一般有五座，中央的一座象征佛陀所在的须弥山，周围四座象征四大部洲。

经幢式塔

经幢式塔通常是寺院中较为小型的石制构筑物，由数节石柱加上其他石构件摞成，通常塔身刻有全本经文或供养人及寺庙信息，是研究一座寺庙历史的重要文物参考。

云居寺北塔

宝箧印经式塔

宝箧印经式塔又称阿育王塔，为五代时期吴越国王钱弘俶创立，由亭阁式塔发展而来。其平面为正方形，有小型和大型两种做法。小型宝箧印经塔用来盛放舍利、经文、宝物等，外表用金银包裹，更珍贵的还会镶嵌宝石。大型宝箧印经塔多为石材砌筑，配合金属装饰。

泉州开元寺的宝箧印经塔

五、本土宗教建筑：道观

道观，作为道教建筑的统称，又常被称为宫观，其核心功能是为道教信众提供修炼、传道之地，并作为举行宗教仪式和道士日常起居的场所。

1. 道观的发展历程

道观的发展伴随着道教的形成和发展。道教是中国本土的宗教，其起源可以追溯到古代的巫术、神仙信仰和道家思想。随着时间的推移，道教教义和实践逐渐发展起来，形成了独特的宗教体系和文化传统。最早的道观建筑时间已不可考，但到了南北朝时期，道教的影响开始扩大，道教的建筑规模也随之变大。这一时期的道教建筑被称为"馆"。唐宋时期，道教被统治者大力推崇，尤其是唐代的唐玄宗、宋代的宋徽宗对道教倍加推崇，因此皇室出资兴修了不少道教建筑。皇室出资修建的或规模较大的建筑被称为"宫"，其他的被称为"观"。明代皇帝对道教也十分推崇，并于永乐年间在武当山大修道教建筑。但是到了清代，道教建筑则逐渐开始走向衰落。

▼ 上清宫位于河南洛阳邙山翠云峰，是中国第一座以"宫"命名的道观。因道家鼻祖老子与道教创始人张道陵在此修道而被尊为"道源""祖庭"。

河南洛阳上清宫

2. 道观的布局原则

道观的布局首先讲究的是中轴对称，但由于年代、门派和地理环境的不同，中轴对称的布局原则有时会有所变通。这种灵活性体现了道教文化对不同环境和条件的适应。

（1）中轴对称的布局原则

道观平面布局的核心是追求中轴对称，主要殿宇通常位于中轴线上，形成前后递进的序列。这种布局体现了道教文化中对平衡和稳定的追求。次要建筑则安排在中轴两侧，保持整体布局的均衡和对称。这种布局方式不仅美观，也符合道教文化中"天人合一"的哲学思想。

（2）参照《周易》的布局方式

道观的平面布局还会参照《周易》中的八个方位进行实际运用。这种运用体现了道教文化中对宇宙自然法则的尊重和顺应。部分道观的总体平面布局以西北方为起始，向北延伸，主山位于北方作为靠山。这种布局体现了道教文化中"负阴抱阳"的哲学思想。而水则从道观前流过，向东南方向流去才为正势。水应清澈且流动缓慢。这种布局不仅符合风水学的原理，也体现了道教文化中"上善若水"的道德观念。同时，道观的地基平坦而阔大，形成北有靠山、南有秀水、左右有葱郁小山的局面。这种环境布局有助于道士修行和信徒朝拜。

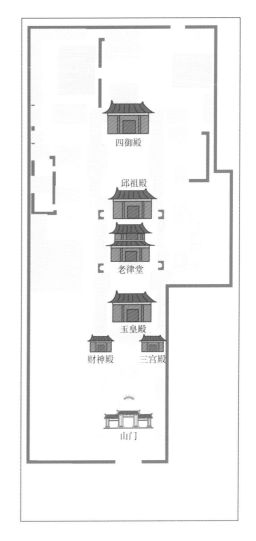

北京白云观平面布局图

▲ 北京白云观为道教全真派的道观，其平面布局比较典型，以山门、正殿等构成中轴形式。中轴的左右设三官殿、财神殿等。

六、巧夺天工的建筑艺术：中国古典园林

中国古典园林源远流长，独具特色。它以自然山水为骨，以人文情怀为魂，将建筑、山水、花木等元素巧妙融合，展现出一种天人合一的和谐之美。江南私家园林和北方皇家园林为其代表，前者轻盈、通透、雅致，后者则恢宏、堂皇、气派。中国古典园林不仅追求视觉上的美感，更强调建筑与环境的和谐统一，以及诗画般的意境。

《拙政园十二景图之倚玉轩》明·文徵明

▲ 文徵明《拙政园十二景图》中的倚玉轩，可见其风格朴素，强调自然野趣。

1. 中国古典园林的发展历程

中国古典园林的发展经历了从萌芽到成熟的不同阶段。最初，园林主要服务于统治阶级，作为私有空间存在，形式封闭。随着时代的变迁，园林逐渐走向平民化，形成了丰富多样的园林形式。

先秦时期

先秦时期，随着社会阶层分化的加剧和私有制的兴起，上层贵族对休闲娱乐场所的需求日益增长，从而催生了园林艺术的雏形——囿、台、圃。这一时期的园林典范便是周文王的私家园林——周文王灵囿。囿的营造通常是在选定的地域内划定明确范围，以此为界，让草木自由生长、鸟兽自然繁育，形成了与自然和谐共生的景观。

特点：①造园活动的主流为皇家园林；②功能主要为狩猎、生产；③崇拜自然，设计粗犷。

隋唐时期

隋代园林建设兴盛，实现了从建筑宫苑到山水园林的转变，巧妙融合了自然与建筑。唐代国力鼎盛，园林建设得到了空前发展，宫苑、离宫及私家园林均十分繁荣。

值得一提的是，文人雅士开始直接参与园林设计，他们将山水诗画的意境融入园林中，创造出满足文人士大夫阶层精神追求的园林空间。其中，瘦西湖以其因地制宜、巧妙造园的手法，成为这一时期的典型代表，展现了唐代园林艺术的独特魅力。

特点：①皇家园林规模宏大、设计精致；②私家园林依然追求诗画情趣，艺术有所升华；③寺观园林进一步普及和世俗化，促进了郊野旅游区的建设和发展。

魏晋南北朝时期

魏晋南北朝时期是中国园林发展史上的重要转折点，这一时期的活跃思想为园林创作注入了新的活力，促使皇家园林、私家园林和寺观园林三种类型齐头并进，共同发展，为中国园林艺术注入了新的活力与魅力。其中寺观园林的产生，拓展了造园活动的领域。

特点：①由于皇家园林的功能由狩猎求仙变为游玩观赏，因此皇家园林开始变小；但私家园林和寺观园林的规模则由小变大；②园林造景由神异色彩转为自然文化；③园林从模拟山水实景变成追求山水意境；④园林规划设计由粗放到细致；⑤私家园林有了写实与写意结合的特点。

宋元时期

宋代政治、经济、文化繁荣昌盛，造园艺术随之蓬勃发展。宋代园林在继承传统的基础上，突破了"一池三山"的局限，树木花草的种植与亭台楼阁的建构皆因景而异。然而，元灭宋后，虽在艺术上有所继承，但整体造园技术却出现了一定的停滞。

特点：①园林偏向文人化，创作讲究简远、疏朗、雅致、天然；②叠石理水、植物配置技术更加成熟，达到了中国古典园林史上登峰造极的境界。

明清时期

明代中期，皇家园林西苑经历了扩建，其规模与影响力显著提升。到了明代后期，园林的数量、规模和类型均达到了前所未有的繁荣状态。同时，江南地区由于商业繁荣，私家园林的兴建也蔚然成风，众多富贵之家纷纷修建园林。清代则是古代造园艺术的鼎盛时期，园林的数量与规模均远胜于明代，且风格上彻底摆脱了秦汉时期范围的"空、大"之风，转而追求精巧细致的设计。然而，随着清末国力的衰退，中国传统园林虽然数量众多，但在风格与创意上却鲜有重大突破。

特点：①皇家园林规模宏大，布局端庄严谨，建筑富丽堂皇；②私家园林一直承袭上代的发展水平，形成江南、北方、岭南三大地方风格鼎峙的局面，其他地区园林受到三大风格的影响，又出现了各种风格。

秦汉时期

自秦代起，中国开始大规模进行园林建设，其中上林苑的营造尤为瞩目，它开创了人工堆山的先河。到了汉代，汉武帝在上林苑中首创了一池三山的布局，即蓬莱、方丈、瀛洲三座仙山巧妙融于一湖之中，这种布局不仅展现了他非凡的园林设计才华，更成为后世皇家园林建设的重要范本。

特点：①这时皇家园林是主流，私家园林较少；②园林从狩猎求仙逐步变成观景庄园，追求的多是仙境氛围。

2. 中国古典园林组成的四要素

园林的核心在于山、水、树、建筑这四个元素，利用匠心独运的造景手法，将这些元素巧妙融合，构筑出千变万化的景致。

（1）中国古典园林中的山

园林中的假山作为核心元素之一，具有划分空间，供人们极目远眺、攀登游玩的作用。根据假山与建筑的关系划分，常见的假山形态有峭壁山、厅山和阁山等。另外，在造园手法中，古代造园家会把制作假山的过程叫作掇山。

扬州个园的峭壁山

▲ 峭壁山是依墙而建的假山，一般都比较陡峭。

南京愚园的厅山

▲ 厅山是屋前点缀的玲珑石块，并搭配以植物。

南京愚园的阁山

▲ 阁山指建有楼阁的山，其山石可作为台阶。类似的还有亭山，指的是建有亭子的山。

（2）中国古典园林中的水

　　园林中的水景也是造景的重要一环，它是园林景观和给水、排水的有机结合。常见的静态水景类型有湖面、池塘等；常见的动态水景类型有河流、瀑布等。在古代，造园家把对水的处理称为"理水"。理水与掇山构成了中国古典园林的骨架。

承德避暑山庄的湖景

▲ 古代造园若是建湖的话，会耗费比较多的资金和人力，因此，很多园林都是在现成的湖泊旁边扩建，或者对其进行一定的修整。

苏州沧浪亭的池塘

▲ 池塘中常植荷花、睡莲等观赏植物或放养观赏鱼，再现林野荷塘、鱼池的景色。

北京颐和园的河流

▲ 为了避免河流过长带来的僵直和单调感，通常会增加开合变化，更显趣味性。

山东宛园的瀑布

▲ 瀑布是水流从高处跌落而产生变化的水景形式，常与山石一起设计，有线状、帘状、分流、叠落等形式。

（3）中国古典园林中的树

在中国古典园林中，植物被誉为园林的精髓，它们不仅美化了环境，更独特地塑造了园林四季的变换之美。根据园林植物的种类和特性，植物通常分为乔木、灌木和地被三个大类。这些植物以其独特的形态、色彩和生长习性，为园林增添了丰富的层次感和生命力，使园林空间更加生动、自然。

苏州园林

中国古典园林中树的种植手法

在中国古典园林的规划中，乔木与灌木的布置通常采用孤植、对植与列植三种手法。当乔木、灌木与地被植物相结合时，则运用丛植的方式，巧妙地营造出轮廓多变、边缘自然的景观效果，同时确保色调和谐统一，层次丰富。

孤植：通常要求所选树木姿态优美，或者拥有美丽的花朵或果实。着重展现单棵树木的个体之美，使其成为局部空旷地段景观的核心和视觉焦点，以凸显整体景观并引导视线。

乔木：高大、有主枝干的树木，高度一般在5米以上，通常做植物景观的背景或者观景点的配景、点景树等。

对植：两棵乔木或两丛灌木有所呼应地栽植。主要用于强调公园、道路和广场的路口，同时结合遮阴、休息等功能，在空间构图上起配置作用。

灌木：矮小或没有主枝干的树木，高度一般在5米以下，常用来阻隔游人的视线、分割景观层次，或者做假山水景的配景。

列植：将植物按一定的行距进行种植。如行树、林带、河边和绿篱的树木栽植。树种要求单一，突出植物的整齐之美。

地被：能够覆盖地面土层、保护园林地面的低矮植被，中国古典园林中常种植在乔木和灌木的下层。

丛植：三株以上同种或几种树木组合在一起的种植方式。要求组景自然，在统一的感觉中寻求变化，最多有五株植物搭配，大小、高低有变化更具有层次感。

（4）中国古典园林中的建筑

中国古典园林中的建筑不仅是山水风景与游人之间的和谐过渡，更是园林整体美学的重要组成部分。相较于常规建筑，园林建筑的核心特质在于其与周遭园林景致的高度协调。为了与园林中柔和的曲线山水景观相呼应，园林建筑亦多采用优雅流畅的曲线形态。园林中的建筑形式多样，其中殿、堂、亭、阁、廊、厅、轩、馆、榭、舫等皆是园林中的主体建筑。

殿

殿作为皇家园林的专属建筑形式，专为皇帝游园休憩及处理政事而设。其设计并不一味追求地位显赫，而是巧妙地结合园林地形，与自然环境和谐相融，形成灵活多变的布局。

堂

堂在皇家园林与私家园林中均有所见。在皇家园林中，堂多为帝王后妃生活起居及游玩休憩之所，其形式较殿更为灵活多变。布局上，有厅堂居中式与开敞式两种，前者两侧配厢房，构成封闭院落，适宜居住；后者则更为开放。而私家园林中的堂则多为主体建筑，与厅的形制相近，可以彰显园林的整体风格。

北京颐和园的排云殿

北京颐和园的玉澜堂（居中式）

拙政园中的鸳鸯厅

 厅

在私家园林中，厅与堂均承担着观赏园林美景、接待宾客等重要功能。两者除了功能相同，结构也相近。然而，两者在细微之处有所区分，主要体现在梁架结构上：厅多以长方形木料作为梁架，以展现其简洁大方的特色；而堂则选用圆形木料，彰显其圆润和谐的风格。

馆

在园林建筑中，馆是集观景、起居、娱乐于一体的多功能建筑场所。其建筑形制与厅、堂相似，常以建筑群的形式呈现，坐落于空间宽敞的地段。在私家园林中，馆主要用于会客与休憩，布局灵活多变，规模各异，面向庭院或临水而建，常与居住性建筑及主要厅堂相辅相成。而在皇家园林中，馆作为建筑群存在，能够满足皇帝、皇后及后妃等多人的需求，彰显皇家的气派与尊贵。

北京颐和园的听鹂馆（皇家园林）

亭

　　亭子是皇家园林与私家园林中均不可或缺的建筑，专为游人提供休憩与赏景之便。其选址灵活多变，可根据游览路线巧妙布局，常坐落于山间、树林深处，或依路而建、临水而设。亭子设计精巧，造型小巧秀丽且变化多端，选材广泛，不拘一格。

北京天坛的双环万寿亭

阁

在皇家园林中，阁作为一种常见的建筑形式，常展现为两层或三层的精致结构。其四周巧妙布局隔扇或栏杆回廊，既便于远眺美景，又可作为休憩之所，还可用于藏书或供奉佛像。阁与楼在建筑形制上虽相近，但阁的设计更显轻盈。

苏州拙政园的浮翠阁

廊

廊原本是住宅的附属建筑，后发展为园林中不可或缺的建筑元素。其不仅能为游客提供休憩之地，还能巧妙划分空间，增强园林景观的层次感。廊的设计灵活多变，能根据园林的整体布局和建筑风格进行自由调整。

北京颐和园的长廊

苏州拙政园的与谁同坐轩

轩

在园林建筑领域，轩特指一种敞亮通透的建筑形式，四面无墙，体形轻盈，配备窗或廊。在皇家园林中，轩常设于高旷、幽静之地，与亭、廊巧妙结合，营造错落有致的空间感。而在江南等私家园林中，则多见临水而建的敞轩，其建筑形制与榭相似，但不深入水中，临水一面开放，柱间设有美人靠，供人倚栏观景。

榭

作为园林中的休憩建筑，榭巧妙地借助周围环境构建。它既可立于土台之上，也可凌驾于水波之间。在明清时期，水榭成为园林水边建筑的代表，其独特之处在于前方的平台延伸至水面，上层建筑低矮扁平，宛如悬浮在水上，且临水一面宽敞开阔，设有坐槛或美人靠，为游客提供休憩之所。

无锡蠡园西施庄浪琴舫

扬州瘦西湖的澄鲜水榭

舫

　　舫是园林水景中的独特建筑，仿照船形设计，因其静止不动而又被称为"不系舟"。舫通常三面环水，一面与岸相接。其结构精巧，分为前、中、尾三部分：前舫高耸，开放设计，便于观景；中舫低矮，配备矮墙或窗，适宜休憩与宴饮；尾舫高耸，双层结构，四面开窗，远眺视野极佳。船体下部采用石料，上部则选用优质木材精心打造。

七、基本的建筑类型：民居

中国传统民居是中国古代人民在长期生活实践中，结合自然环境、气候条件、社会文化及审美情趣等多种因素形成的具有地域特色的居住建筑。它们承载着丰富的历史文化内涵，不仅形态各异，还融入了木雕、砖雕、石雕等传统工艺，体现了中国人的智慧和审美。从北方的四合院到南方的粉墙黛瓦，再到西南的吊脚楼，每一种民居都是当地文化的独特展现。

1. 中国传统民居的演变发展历程

中国古代民居作为民众生活的重要载体，展现了中国大地上建筑的多样与丰富。因自然与人文差异，民居风貌各异。随着社会的进步，政治经济的变迁，民居形态也从简单的茅草屋演进为结构复杂、形式多样的建筑，体现了历史的延续与文化的融合。

原始时期

早期人类以穴居和巢居为主，穴居为挖地洞，巢居则为做树屋。随着人类文明的发展，巢居逐渐演变为干栏式建筑，穴居也发展到半穴居，再进一步演变到地上建筑。

秦汉两晋时期

秦汉两晋时期的民居多为庭院式的组合，这种布局形式不仅满足了人们居住的需求，也体现了当时社会的家庭结构和文化观念。在庭院式民居中，中轴对称和围绕中心的趋势尤为明显。此外，在秦汉两晋时期，穿斗式、干栏式、井干式、抬梁式四类基本的木构架形式已经形成。

夏商时期

夏商时期，随着夯土技术和木构技术的发展，人们开始在原始的夯土墙基上建造木构梁架。这种构造方式不仅提高了房屋的稳固性和耐久性，还为院落的形成奠定了基础。院落的出现，使得民居的空间布局更加合理，功能分区更为明确，同时也增强了居住环境的私密性和安全性。河南偃师二里头宫殿遗址就是这一时期民居建筑的典型代表，展示了当时木构梁架和院落结合的建筑形态。

周代

西周时期合院式住宅开始初具雏形。考古发现的陕西岐山凤雏村西周遗址，是我国现知最早、最严整的四合院实例。四合院以其四面围合的布局，形成了一个相对封闭的居住空间，既满足了居住需求，又体现了尊卑有序、内外有别的传统礼仪观念。这种四合院的建筑形态，对后世民居建筑产生了深远的影响，成为中国古代民居建筑的重要特征之一。

清院本《清明上河图》（局部）

▲ 在《清明上河图》（清院本）这幅画作中，可以看到不同形态、不同规模的民居建筑，它们或临街而建，或依水而居，或位于繁华的市区。这些民居建筑不仅展现了宋代社会的居住环境和建筑风格，也反映了当时社会的经济、文化和科技水平。

隋唐时期

　　隋代的民居在继承前代的基础上，开始注重建筑的整体布局和功能性，为唐代民居建筑的繁荣奠定了基础。到了唐代，实行了里坊制度，这是一种城市规划制度，住宅被围墙环绕，通过廊道连接多个建筑形成庭院，形成了具有封闭性的居住单元。这种庭院式住宅设计不仅注重实用性，也体现了唐代社会的等级观念和家庭结构。

宋代

　　宋代取消了里坊制度，改为街坊制，使得民居的密度增大，同时也促进了商业的发展。在民居的建筑形态上，宋代民居更加注重与周围环境的协调，建筑布局更加灵活多变。此外，宋代民居中还出现了个别两层楼的建筑，这不仅增强了建筑的空间层次感，也反映了当时社会的经济发展水平和人们对居住空间的需求。

明清时期

　　明清时期的民居建筑形态多样且各自成熟。由于地域广阔和文化差异，各地民居在保留自身传统特色的同时，也吸收了其他地区的建筑元素，形成了独具一格的建筑风格。如江南水乡的粉墙黛瓦、福建的土楼、北京的四合院等，都是这一时期民居建筑的杰出代表。

元代

　　元代民居在外观上融合了中原、西域与蒙古等多元风格，展现出独特且丰富的建筑风貌。在结构上，元代建筑普遍采用木构架，以精密的榫卯技艺进行连接，确保了建筑的稳固与持久。这种结构在民居中尤为突出，如姬氏民居，其梁架采用长短栿交叠设计，凸显了元代民居的独特结构特点。在布局方面，姬氏民居则采用三开间设计，门厅的设置使室内外空间过渡自然。

2. 中国传统民居的常见类型

中国传统民居种类繁多，根据地域和特色可分为七大类，即北方民居、江南民居、皖南民居、西北民居、晋中民居、客家民居，以及少数民族的特色民居。这些民居不仅体现了中国不同地区的历史文化和自然环境，也彰显了中华民族的多样性和创造力。

（1）北方民居

北方民居最具特色的建筑就是北京四合院。四合院是中国历史上最悠久、应用范围最广的民居形式，北京四合院堪称中国四合院的代表。四合院是从"院"发展而来的，"院"最初是指墙围起来的空地，到了现代，"院"的定义更加贴近庭院。

四合院的布局原则：四合院严格按照中轴线布局，主要建筑分布在中轴线上，左右对称布局。这一布局方式，严格遵循了封建社会的宗法和礼教制度。在房间的使用上，家庭成员按尊卑、长幼等进行分配。

四合院中的"进"和"跨"：北京四合院根据等级可分为一进四合院、两进四合院、三进四合院和四进及以上的四合院，其中最为典型的是三进四合院。这里的"进"指的是前后方向院子的个数，简单来说，进几个门就称为几进院。同时，四合院中还有"跨"这个概念，指的是左右方向院子的个数。正院往西边跨一步，称为"西跨院"，往东边跨一步，称为"东跨院"。

回廊：四合院内常设一圈回廊，巧妙地将正房、厢房与垂花门融为一体，形成独特的"抄手游廊"。人们可以在回廊下避雨、休息。

倒座房：倒座房常背向街道，坐落于院落的最外缘，其朝向与院落内其他建筑相反，因此得名"倒座房"。此房通常作为佣人或外来客人的住宿之所。

厢房：厢房位于内院两侧，一般有两座厢房正对。厢房是给主人的儿子及儿媳居住使用的。

耳房：耳房位于正房两侧，因其像正房的耳朵而得名。耳房一般较小，用作储藏室。

后罩房：也被称作"后照房"，作为四合院中最深处的建筑，后罩房将整个宅院庇护其中。因其具有极佳的私密性，通常供女眷居住，偶尔也作为佣人的休憩之所。对于家境殷实的宅主，会将后罩房构筑为二层楼宇，即"后罩楼"。

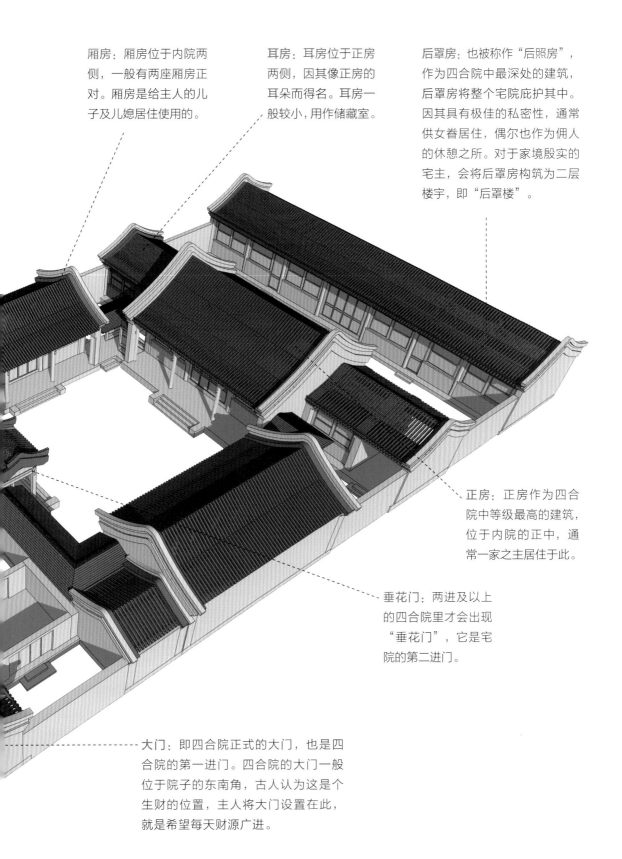

正房：正房作为四合院中等级最高的建筑，位于内院的正中，通常一家之主居住于此。

垂花门：两进及以上的四合院里才会出现"垂花门"，它是宅院的第二进门。

大门：即四合院正式的大门，也是四合院的第一进门。四合院的大门一般位于院子的东南角，古人认为这是个生财的位置，主人将大门设置在此，就是希望每天财源广进。

（2）江南民居

　　江南地区的民居以白墙黛瓦、马头墙为特色，建筑风格清雅别致。这些民居多依水而建，布局灵活多变，体现了江南水乡特有的柔美与灵动。此外，江南民居多为二层楼的结构，底层是砖石，上层是木结构，既能防潮，也能沿河做局部的吊脚。

一面临水的江南民居

▼ 江南民居常在临水一侧设置后门，并配备外廊与条石台阶，直接连接住宅与水面，形成私家码头。居民可以在此洗涤，也从此地出行。除此之外，还有设在方便公众出入地段的公共码头，极大地方便了居民生活。

路棚：为行人与码头遮阳挡雨

沿街民居

公共码头

马头墙

马头墙作为徽派建筑的标志性特征，其独特之处在于墙顶形似马头。它不仅具有卓越的防火功能，而且能有效遮挡屋顶，避免雨水侵蚀，确保木结构保持干燥。此外，其高耸的形态还增强了建筑的防盗性能。马头墙通常采用两叠或三叠式设计，层层递进，不仅体现了建筑美学的精妙，更寄托了人们对家族繁荣与生活幸福的美好愿望。

（3）皖南民居

皖南民居作为安徽省长江以南山区地域内独具特色的传统民居建筑，以西递、宏村等古村落为代表，展现了徽派风格的独特魅力。这些民居建筑注重实用性与舒适度，普遍采用正方形或长方形的封闭式平面结构，以中型建筑为主，如三合院、四合院等。在风格上，皖南民居典雅而精致，追求与周围自然环境的和谐统一，同时精于装饰艺术。

层层叠叠的马头墙

各种各样的门楼

门楼

门楼是徽派民居的显著特征之一，位于大门之上，主要功能在于遮挡雨水，保护门板。其墙体、基座及门帽均采用石砌工艺，外覆青砖，结构严谨且样式精美。门楼装饰多采用砖雕技艺，雕刻内容丰富，如岳母刺字、孔融让梨等。

（4）西北民居

　　西北民居特指位于中国黄河中上游的甘肃、陕西、山西等黄土高原地区的建筑，其中，最具代表性的为窑洞。窑洞是一种充分利用黄土层特性的独特住宅形式，即在天然或人工土崖上挖掘的居住空间，其节能环保、冬暖夏凉的特性深受赞誉。窑洞的历史可追溯至原始社会的穴居时代，其形成深受地形、地貌等客观条件影响。黄土高原深厚的黄土层具有低渗水性、强直立性，不易松散，加之该区域雨量稀少，为窑洞的建造提供了得天独厚的自然条件。

▲ 这种靠崖式窑洞十分常见，一般建在黄土坡的边缘。窑洞顶为拱形，底部多为长方形。这样的窑洞前面通常有较为开阔的空间，用以日常活动。　　　靠崖式窑洞

── 窑洞重要的建筑构建——窑脸 ──

　　窑脸，作为窑洞的核心立面，象征着主人的社会地位与身份，因此备受重视。它依据当地文化习俗精心装饰，通常由门、窗、窑腿、马头石等元素构成，其中门窗作为主体部分，其棂格设计尤为丰富多样，有菱形格、古钱格、双喜格、万字格、田字格等经典样式。

带有精美窗棂装饰的窑脸

（5）晋中民居

　　明清时期，晋中一带的商业活动发达，产生了远近闻名的晋商文化，商人用积累的财富在平原地区修建砖瓦房及四合院，这些民居大多修建于清代，建筑规模较大，设计精巧，具有独特的建筑造型和空间布局。此外，晋中的民居建筑以四合院居多，一般为砖木结构，砖墙多为清一色的青砖（过去为砖夹土坯形式），墙体厚实，院落中多用青砖铺地。

乔家大院

▼ 在晋中地区，大型民居建筑如乔家大院，展现了独特的建筑艺术。其院落布局严谨有序，明楼院、统楼院、栏杆院、戏台院等层次分明，相互映衬。

（6）客家民居

客家民居建筑的典范为土楼，这是一种采用夯土墙与木梁柱共同承重的多层巨型居住建筑。土楼形似堡垒，为典型的聚居式民居。客家人所建的土楼，以方形土楼为主，后逐渐发展出圆形土楼。尽管圆形土楼为土楼体系中的后起之秀，但它却是客家民居的经典之作。

门洞：砖墙上有门洞，人们可以从通廊绕楼一周。

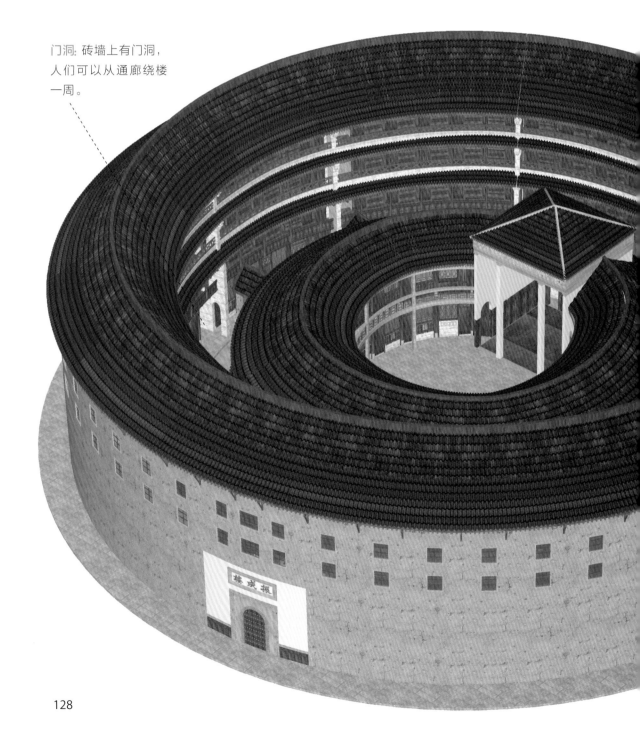

祖堂：振成楼的祖堂顶部采用攒尖顶设计，正面则巧妙融入了古典西洋柱，展现了中西合璧的建筑艺术。值得一提的是，屹立着的四根柱子周长近 2 米、高近 7 米，气势磅礴。与祖堂衔接的两侧房屋形成上下两层的结构，共 30 间房间紧密围绕，构成了一个内聚空间。

外墙：外墙设计体现了建筑的功能分区。其中，三、四楼为卧室，配置窗户以满足采光与通风需求；二楼作为仓库，一楼则为厨房和餐厅，外侧无窗以增强防御功能，同时能够保障生活区域的私密性。

客家土楼的代表建筑：振成楼

（7）特色民居

　　中国的少数民族主要聚居在西南、西北和东北地区，其居住形态兼具小聚居与大杂居的特点，形成了各具特色又相互交融的少数民族建筑文化。其中，蒙古族蒙古包、藏族碉房、傣族竹楼以及土家族吊脚楼等，均为民居中的杰出代表，充分展现了各民族独特的建筑艺术魅力。

蒙古族蒙古包

　　蒙古族是分布于东亚地区的传统游牧民族，在建筑物资匮乏的草原地区，蒙古族人利用有限的自然材料建成了他们的民居——蒙古包。蒙古包既能应对草原上时有的恶劣天气，又能随时拆卸，方便移动，兼具灵活性与稳定性。

▲ 蒙古包的外形为圆形，由架木、苫毡、绳带三部分组成，原料以木材和皮毛为主，大小不等，但基本构造相同。

▼ 碉房建筑形式丰富多样，以其坚固的石木结构和强大的防御性而著称。其外墙采用梯形收缩设计，部分墙面饰以黑窗框，并挑出窗檐，展现独特美学。同时，窗户的设计小巧，可以有效防范外敌入侵。

藏族碉房

　　碉房是藏族独特风格的民居，主要分布在中国的青藏高原地区。通常，碉房的底层被用作储藏室或畜圈，不仅便于存放物品和饲养家畜，同时也能够利用底层较为阴凉的特点，保持储藏物品的干燥和畜圈的凉爽。碉房的二层是起居室，这是居住者日常活动的主要场所。碉房的三层一般被当作经堂或晒台。经堂是藏族人民进行宗教活动的重要场所，体现了藏族人民深厚的宗教信仰。而晒台则用于晾晒粮食和衣物，充分利用了青藏高原地区充足的阳光资源。值得注意的是，一般的藏民居住的碉房多为二层，既能满足日常生活需要，又能够降低建筑成本，符合当地的经济水平和生活习惯。

傣族竹楼

被誉为"水的民族"的傣族，聚居在云南西南部，那里热带雨林茂密，气候终年湿润。为适应这种特殊环境，傣族人民建造了独具特色的竹楼。此类建筑不仅能有效防止虫害侵蚀，还具备优越的防潮和抗洪性能。竹楼通常采用双层设计，上层用于居住，下层则保持中空状态。这种架空结构使得竹楼能够有效隔绝地面上的潮湿和毒虫走兽的侵扰，充分体现了傣族人民在适应自然环境方面的卓越智慧与创造力。

▲ 竹楼建材的选用有严格的标准，除了主体材料"竹材"，还会根据不同功能和需求，融入更高品质且具有卓越防腐和防虫性能的木材、石头，乃至小型灌木的枝叶，以确保建筑的整体质量与持久性。

▲ 吊脚楼是典型的穿斗结构的建筑，所有木构件都是通过榫卯连接起来的，体现了中国建筑工匠精妙的建造技艺。在主材的选择上，一般为杉木、椿木或梓木，这几种木材具有良好的韧性与抗震性。

土家族吊脚楼

土家族在武陵山区创造了独特的民居建筑——吊脚楼，以适应复杂地形。吊脚楼大部分建于陆地，小部分悬空于水面之上，通过木杆支撑，既节约了土地，又减少了生态破坏，同时避免了害虫侵扰。吊脚楼通常为三层结构，一层为无壁支柱空间，用于存放杂物或空置。二层、三层的设计多样，包括长三间、长五间和长七间等形制。其布局以正中的"堂屋"为核心，作为家庭议事和接待宾客的场所，其他功能的房间则围绕堂屋有序布置。

八、实现天堑变通途：桥梁

中国内部河流交错纵横，从古至今修建了无数的桥梁，这些桥梁也成为中国建筑的重要组成部分，同时也是地域文化艺术的综合体现。通俗来说，桥就是一种为跨越水面和峡谷而修建的人为通道，也正是有桥的存在，才让原本的天堑变成了通途。

▼ 赵州桥建于隋开皇后期至大业初年 (595~605 年)，距今已经 1400 多年历史，由隋代匠师李春设计建造，北宋时期哲宗皇帝北巡时赐名"安济"。赵州桥是世界上现存年代最久、保存最好、科学水平极高、艺术形象极美的古代石拱桥，在世界建筑史上占有极其重要的地位，自古即为"天下之雄胜"，今人誉其为"天下第一桥"。

河北石家庄赵州桥

1. 中国桥梁的演变发展历程

中国桥梁的演变发展历程源远流长。早期，桥梁以独木桥和木梁桥为主，逐渐发展为梁桥和浮桥。秦汉时期，砖石结构体系和拱券结构的创造，为拱桥的出现奠定了基础。唐宋时期，桥梁建造技术达到鼎盛。随着时代的进步，桥梁不仅在技术上不断创新，还成为地域文化艺术的综合体现，见证了中华文明的辉煌历史。

创始时期

桥梁发展的萌芽始于西周、春秋之前。当时，河流阻隔了部落间的交流，人们利用树木和石头，创造了独木桥和河中汀步作为渡河工具。据《史记》和《水经注》记载，商代出现了名为"拒桥"（巨桥）的桥梁，标志着中国桥梁历史的开端。周文王姬昌建造浮桥"亲迎于渭，造舟为梁"的记载，以及春秋时期黄河上第一座浮桥——蒲津渡浮桥的建成，均体现了桥梁建造技术的初步发展。随着春秋时期铁器的出现和拱券技术的进步，石拱形的旅人桥应运而生，开启了中国桥梁发展的新篇章。

创建发展时期

战国到三国时期，尤其是秦汉时期是古代桥梁的创建发展时期。此时期创造了以砖石结构体系为主题的拱券结构，从而为后来拱桥的出现创造了先决条件。沙河古桥就是这一时期的代表，它是秦咸阳城、汉长安城去上林苑和西入巴蜀跨渡沣水的桥梁，也是国内发现的时代最早的大型木构桥梁。

鼎盛时期

两晋至宋代，尤其是唐宋时期是古代桥梁发展的鼎盛时期。这个时期的桥在世界桥梁史上都享有盛誉。

成熟期

元、明、清三朝是桥梁发展的成熟期。主要成就是对一些古桥进行了修缮和改造，并留下了许多修建桥梁的施工说明文献，为后人提供了大量文字资料。

2. 中国桥梁的整体结构

中国桥梁的整体结构通常包括两大主要部分：上部结构和下部结构。上部结构主要由桥身和桥面构成，桥身是桥梁的主体部分，负责承载桥面及其上的交通荷载，同时跨越河流、峡谷等障碍物。桥面则是供行人和车辆通行的部分，需要保证平整、稳定和较强的耐用性。下部结构则包括桥墩、桥台和基础。桥墩是支撑桥身的重要结构，通常位于水中或河岸两侧，承受来自桥身和桥面的垂直和水平荷载，并将其传递到基础上。桥台位于桥梁的两端，连接桥身和两岸，同样起到支撑和传递荷载的作用。基础则是桥梁与地面之间的接触部分，必须足够稳固，以确保桥梁整体的安全和稳定。

《曲院风荷（局部）》清·唐岱、沈源

▼ 曲院风荷是圆明园西湖十景中的瑰丽一隅，这幅画作便将此景表现了出来。画中有一座九孔石桥横跨湖面，远观此景，石桥似长虹卧波，水天一色，构成了一幅和谐自然的画卷。

桥台　桥面　桥墩　基础

3. 中国桥梁的常见分类

中国桥梁以其独特的整体结构特点，形成了多样化的桥梁形式，常见的主要有四种，即梁桥、浮桥、索桥和拱桥，这四种桥梁形式共同体现了中国桥梁的丰富多样与卓越成就。

（1）梁桥

桥墩上面是横梁的桥被称为梁桥，又被称为平桥、跨空梁桥，是中国桥梁史上早期桥梁的代表。其最初形态可追溯至原始时期的独木桥等简易结构。据学者研究，河姆渡遗址与半坡遗址已存在梁桥的雏形。先秦时期，梁桥通常采用木柱作为桥墩，然而，这种木柱木梁结构很早就显现出其脆弱之处，无法适应社会发展的需要。因此，石柱木梁桥逐渐取代了这种结构，如秦汉时期兴建的多跨长桥，例如渭桥、灞桥等。随着桩基技术的发明，约在汉代，石桥墩开始出现，标志着木石组合结构的桥梁可以跨越更宽阔的河道，同时也能够抵御汹涌的洪水冲击。

梁桥的升级版：廊桥

梁桥原本为无顶棚设计，但在风雨交加、大雪纷飞的恶劣天气下，桥面湿滑且石墩上的木梁易受侵蚀。因此，人们在桥上搭建起桥屋，形成廊桥，又称风雨桥，旨在保护桥身并提升桥的安全性。廊桥虽源自梁桥，但其形式已逐渐发生变化，可与拱桥等其他桥型组合形成更为多样化的桥梁结构，展现了桥梁设计的丰富性和创新性。

代表建筑：广西柳州三江程阳桥

代表建筑：福建省泉州洛阳桥

（2）浮桥

当河流宽广且技术受限时，梁桥便无法适用。人们巧妙地采用船只或其他可漂浮的筏浮箱等作为浮体，再在其上铺设桥面，形成浮桥，亦称舟桥或浮航。这种桥梁通常设置于河面较宽、水深或水流波动较大的区域，以填补梁桥难以覆盖的空白。浮桥架设简便，常用于军事目的，被誉为"战桥"，通常由数十艘，甚至上百艘木船（或竹筏）并列排布于水面，铺上木板，供人马通行。由此可以看出，浮桥主要适用于特殊的水域环境，展现了桥梁建设的灵活性与适应性。

代表建筑：江西吉安万安浮桥

（3）索桥

在一些深谷、水流湍急或者无河的山地地区，无法建设桥墩，也无法用船，一根索绳的索桥应运而生。索桥也称吊桥、悬索桥或绳桥等，是人们用竹子、藤蔓、铁索做成索绳，以此为骨干相互拼接，悬吊起来的桥梁。我国已知最早的索桥是西汉的七星桥，还有战国末年李冰在四川益州（今成都）城西南建成的笮桥，又称"夷里桥"。

代表建筑：四川成都都江堰安澜桥

（4）拱桥

拱桥是竖直平面内以拱券作为上部结构主要承重构件的桥梁。经过漫长的探索，桥梁建设中的拱券技术日益成熟并应用到桥梁后，兼具功能和艺术造型的拱桥占据了上风，渐渐在全国范围内广泛应用。拱桥在桥梁史上出现的时间较晚，却引领了古代桥梁的发展走向。

代表建筑：北京颐和园玉带桥

拱桥的代表：石拱桥

石拱桥以其坚固的结构和独特的艺术魅力，成为中国桥梁史上的杰出代表。它不仅是历代桥工技艺的结晶，更是古代劳动人民智慧和力量的生动体现。石拱桥样式繁多，其中折边石拱桥与曲线形石拱桥各具特色。而后者更为普遍，其桥面高度随弧线曲率的变化而调整，分为实腹曲线石拱桥和敞肩曲线石拱桥两种，展现了石拱桥设计的多样性和巧妙性。

折边石拱桥：折边石拱桥是介于石梁桥和石拱桥之间的一种过渡型桥梁，具有石梁桥经济实用的优点，同时克服了石梁桥跨径过小的弱点，结构强度较石梁桥优越，稳定性较好。但折边石拱桥仍具有一般石梁桥以石梁承受弯矩的弱点，且其构造比石拱桥更简易，用料较石拱桥要少，荷载能力也比石拱桥差。这种桥梁形态在浙江绍兴地区较为常见。

实腹曲线石拱桥：实腹曲线石拱桥是一种中小跨径的拱桥，其特点在于拱桥拱券上腹部两侧填实土壤或粒料后铺装路面，形成实腹结构。这种设计使得桥面与拱券连接顺畅，受力合理。实腹曲线石拱桥具有承载能力强、路桥连接顺畅、维修费用低和抗损坏性能强等优点。

敞肩曲线石拱桥：敞肩曲线石拱桥的特点在于桥肩部分不填实土壤或粒料，而是留出空间，形成敞肩结构。这种设计不仅增加了桥梁的美观性，同时也提高了桥梁的排水性能。此外，敞肩曲线石拱桥还具备较好的承重能力和稳定性，是一种实用性和美观性兼具的桥梁类型。

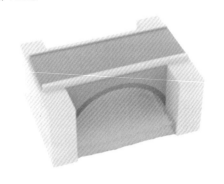

中国经典古建筑以其独特的魅力，成为连接历史与现代的桥梁。它们不仅精准地记录了历史发展的脉络，更以其卓越的建筑艺术展示了古代文化的辉煌。苏州城盘门的孤例之美、佛光寺与南禅寺的古老神韵、故宫宫殿与天坛祈年殿的精美绝伦、晋祠圣母殿的庄重肃穆，以及颐和园的自然与人文交融，这些经典建筑无不蕴含着深厚的文化内涵。

第三章

历史的传承
中国经典古建筑

一、中国历代宫殿建筑的集大成者：
故宫（北京故宫博物院）

　　故宫，作为明清两代的皇家宫殿，其旧称"紫禁城"饱含着深厚的历史寓意。其中，"紫"字取自紫微垣，这一古代天文学概念，象征着至高无上的星辰，体现了皇权的威严与尊贵。"禁"则代表着严谨与戒备，彰显了宫殿内部的森严与庄重。历经五百余年的沧桑，故宫见证了24位皇帝在此处理朝政、决策国家大事的辉煌历史，是中国古代宫廷建筑的杰出代表。

1. 故宫的历史沿革

　　故宫始建于明永乐四年（1406年），以南京故宫为蓝本营建，至永乐十八年（1420年）建成。其中工程前期的策划与备料占了10年，正式施工又耗时4年。满族统治者入主中原后，继承了明代紫禁城的总体布局，并在其基础上进行了改建与增建，许多宫殿仍保留着明代的建筑风格与特色。故宫不仅是明清两代皇权的象征，更是当今世界最大、保存最完整的木结构宫殿建筑群，体现了中国古代建筑艺术的巅峰成就。

《万国来朝图》清·佚名

▶《万国来朝图》描绘了乾隆时期崇庆皇太后七十大寿时，迎接外国使节觐见的活动场景，场面宏大而热闹。从画面中可以看出，朝贺庆典在紫禁城（故宫）内举行，作者以鸟瞰的角度进行全景式构图，并大胆地对个别宫殿进行适当挪位、角度变换，以及压缩，最终将主要建筑和场景尽量容纳在画面中，展示出宏伟、壮观的宫廷建筑群。

2. 映射至高权威的整体布局

故宫的平面呈长方形，东西 760 米、南北 960 米，占地面积达 72 万平方米。相传，故宫拥有房屋 9999 间半，堪称"宫殿之海"。整组宫殿建筑布局谨严，秩序井然，布局与形制均严格按照封建礼制和阴阳五行学说设计与营造，彰显了帝王至高无上的权威。

备注：中国古代建筑的"间"，意为四个立柱之间的空间。

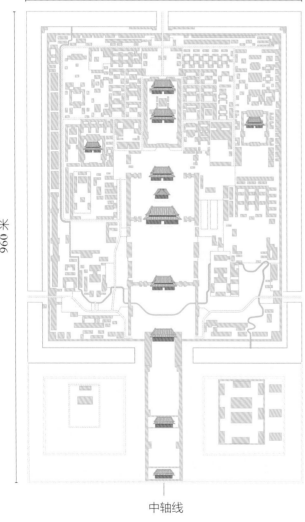

760 米

960 米

中轴线

故宫整体布局图

▲ 故宫整体布局严格遵循中轴线对称的原则，这是儒家礼制在建筑设计中的直接体现。

玲珑奇巧的建筑——角楼

精巧的角楼建筑

　　除了故宫内部建筑群的瑰丽壮观，其城墙的四角还各自矗立着一座精巧绝伦的建筑，被称为"角楼"。这些角楼的平面设计独具匠心，呈现两个"十"字相叠的曲尺形状，四周环绕着白玉石柱杆基座，彰显皇家建筑的典雅与庄重。在角楼的设计上，其比例和谐，大小结构复杂而精密，展现出匠人的别出心裁与卓越技艺。

　　然而，有趣的是，尽管名为"角楼"，但实质上它并非传统意义上的楼阁。从外部观察，三重檐飞翘的屋檐层层叠叠，共计有28个翼角，16个窝角，10面山花以及72条房脊，彰显出极为复杂的建筑形态。然而，当真正踏入角楼内部，便会发现其内部空间简洁明快，既无落地的柱子，也无楼梯或楼层，这种内外设计的鲜明对比，令人叹为观止。称其为"角楼"，或许更多地是因为它矗立于城墙的四角。

故宫场景图

3. 长度可达千米的中轴线

从午门到神武门距离约960米，如果算上午门向南伸出的两阙，故宫的中轴总长度可达到千米左右。这条中轴线以故宫中最有特色的建筑串联而成，也形成了故宫中轴对称的布局。这种布局方式是宫城建筑的重要特点之一，指的是在宫殿建筑群中，重要建筑排列在中轴线上，次要建筑排列在中轴线两旁。

神武门：故宫的正北门，明代时被称为"玄武门"，康熙时改为"神武门"，是故宫华丽的节点。

坤宁宫：明代皇后的寝宫，也是清代帝后的婚房。康熙、同治、光绪等皇帝都曾在此举行大婚。此外，坤宁宫也曾被改建，用于举行萨满教祭祀。

乾清宫：黄琉璃瓦重檐庑殿顶，并采用减柱造做法扩大空间。后檐两金柱间设屏，前方安放宝座，宝座上方高悬"正大光明"匾。乾清宫一般作为皇帝的寝宫，在清康熙皇帝之后，帝王还会将继承人的姓名放置于"正大光明"牌匾之后，因此这里也成为权力交接之所。

太和殿：重檐庑殿顶，在现存中国古代宫殿建筑之中，它是级别最高、体量最大、装饰最豪华的。这里是举行重大典礼的地方，如新帝登基、册立皇后、命将出征等。

午门：故宫正门，是体积最大、等级最高的城门。正中开三门，两侧各有一个掖门，这五个门洞代表着等级尊卑。中间的大门一般供皇帝出入，此外只有在皇帝大婚时，皇后的喜轿可以从中门进宫。另外，科举考试殿试选拔的前三名在出宫时可以走一次。东西两个侧门则是供宗室王公出入，而左右两翼的掖门是供文武官员出入。

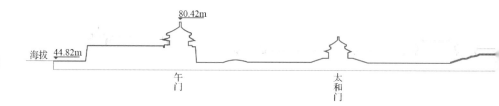

紫禁城中轴剖面图

80.42m

海拔 44.82m

午门　　　　　　　　　　　太和门

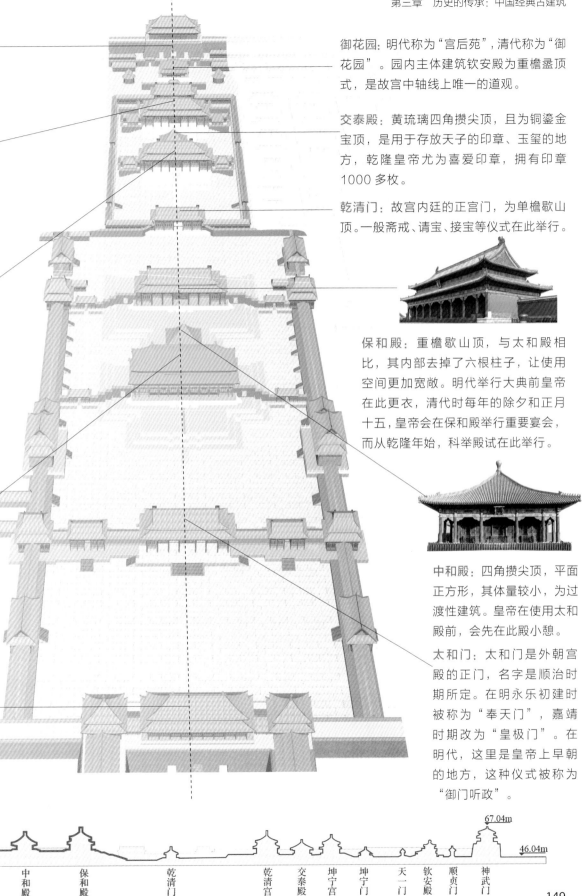

御花园：明代称为"宫后苑"，清代称为"御花园"。园内主体建筑钦安殿为重檐盝顶式，是故宫中轴线上唯一的道观。

交泰殿：黄琉璃四角攒尖顶，且为铜鎏金宝顶，是用于存放天子的印章、玉玺的地方，乾隆皇帝尤为喜爱印章，拥有印章1000多枚。

乾清门：故宫内廷的正宫门，为单檐歇山顶。一般斋戒、请宝、接宝等仪式在此举行。

保和殿：重檐歇山顶，与太和殿相比，其内部去掉了六根柱子，让使用空间更加宽敞。明代举行大典前皇帝在此更衣，清代时每年的除夕和正月十五，皇帝会在保和殿举行重要宴会，而从乾隆年始，科举殿试在此举行。

中和殿：四角攒尖顶，平面正方形，其体量较小，为过渡性建筑。皇帝在使用太和殿前，会先在此殿小憩。

太和门：太和门是外朝宫殿的正门，名字是顺治时期所定。在明永乐初建时被称为"奉天门"，嘉靖时期改为"皇极门"。在明代，这里是皇帝上早朝的地方，这种仪式被称为"御门听政"。

67.04m

46.04m

中和殿　保和殿　乾清门　乾清宫　交泰殿　坤宁宫　坤宁门　天一门　钦安殿　顺贞门　神武门

4. 外朝与内廷的相互辉映

故宫城内可分为外朝和内廷，合称朝廷。以乾清门为界，往前为外朝，是以三大殿为主的建筑群，用于上朝治政、举行国家大典；往后为内廷，是以后三宫为主的建筑群，用于皇家家庭生活。

（1）外朝

外朝以太和殿、中和殿、保和殿三大殿为中心。三大殿的东西两侧分别为文华殿、武英殿，左文右武。这两殿均为单层屋顶，衬托出中央三大殿的伟岸气魄。

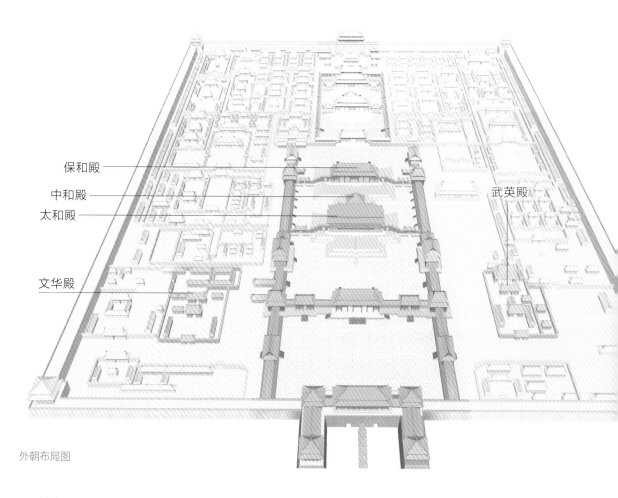

保和殿

中和殿

太和殿

武英殿

文华殿

外朝布局图

三大殿基石的象征意义

三大殿巍然屹立于三层汉白玉石基之上。俯瞰三大殿，其基座轮廓巧妙地呈现出土字形，这一设计深具象征意义，寓意着"王土居中"的尊贵地位，凸显了皇权的至高无上。这一布局不仅体现了中国古代建筑艺术的高超水平，也展示了古代帝王对于皇权稳固、国家安定的追求和期待。

太和殿　中和殿　保和殿

文华殿　明代时期，文华殿用于太子读书、召见学士，清朝在此增建了文渊阁，存放《四库全书》。

武英殿　武英殿曾用于刻印书籍，在中国印刷史上颇有地位。

（2）内廷

穿过乾清门的八字琉璃影壁，便是后宫的核心区域。与前朝三大殿对应修建的乾清宫、交泰殿、坤宁宫，统称为"后三宫"。后三宫的东西两侧，是后妃居住的东西六宫。此外，还设有围合后三宫所用的庑房 40 余间，以及御花园等游玩之所。

备注：后宫的宫殿一般由宫门、前殿、配殿和寝殿围合而成。工匠们将这种"标准单位"式的建造方法重复运用 12 次，便形成了东西六宫的大致模样。

长春宫

长春宫在历史上有着重要地位，是明清两代皇后的居所之一。例如，乾隆皇帝的结发妻子富察皇后曾居住于此。此外，辛酉政变后，慈安和慈禧两宫太后也居于此宫。

咸福宫

乾隆年间，咸福宫改为皇帝偶尔起居之处。乾隆帝驾崩后，嘉庆帝曾住于咸福宫守孝，并在此主持政务、接见军机大臣。道光三十年（1850 年），咸丰帝也曾住于咸福宫为道光帝守孝，守孝期满后仍经常在此居住。

储秀宫

清初，储秀宫曾是皇子的居所，也是皇子接受文化教育的重要场所。此外，储秀宫还是清代初期多位妃嫔的居所，包括康熙帝时的皇太子胤礽（即后来的雍正皇帝）的福晋、咸丰帝的慈安皇后等。清朝末期，已退位的宣统帝的皇后郭布罗·婉容也曾在此居住，并对储秀宫进行了西洋化改造。

翊坤宫

翊坤宫始建于明永乐十八年（1420 年），最初名为万安宫。后在明嘉靖十四年（1535 年）改名为翊坤宫。清晚期，为了增强翊坤宫与储秀宫之间的联系，对两宫之间的建筑进行了改造，增设了穿堂殿（如体和殿），使得两宫之间可以相互通行。

启祥宫

启祥宫初名为未央宫。嘉靖十四年（1535年），由于嘉靖帝的生父生于此，嘉靖帝将其更名为启祥宫，意为肇祥之地。清朝晚期，启祥宫则被改名为太极殿。

永寿宫

永寿宫在明清两代都作为妃嫔居住之所，清朝顺治帝的贵妃董鄂氏、恪妃，嘉庆帝的如妃都曾在此居住。

钟粹宫

钟粹宫在明代时期主要为妃嫔的居所，也曾一度作为皇太子的居所。到了清朝，则成为后妃的居所，光绪帝大婚后，隆裕皇后也曾在此居住。此外，钟粹宫内的彩画对于研究明、清官式彩画发展史有着极高的历史价值。

永和宫

明清时期，永和宫均作为皇帝妃嫔的居所。在建筑群落方面，永和宫比其他宫殿多了一个抱厦，类似现代的雨搭，既可以防晒又可以遮阳，为室外活动提供了舒适的空间。

承乾宫

承乾宫也是明清两代后妃的居所，而如今承乾宫为青铜器馆。

景阳宫

景阳宫是东西六宫中最冷清的院落。此外，在清代时，景阳宫还被用作收存图书之地。

景仁宫

明清时期，景仁宫均被作为后妃的居所，其中包括康熙帝的生母孝康章皇后（当时为佟妃），以及光绪帝的宠妃珍妃等。

延禧宫

延禧宫在历史上曾多次遭遇火灾和炮弹袭击，导致建筑群多次被毁。尤其是同治年间，原本打算重建延禧宫的水晶宫，因国库空虚而被迫停建，留下了这座孤独的"烂尾楼"。

内廷布局图

长春宫　咸福宫　储秀宫　启祥宫　永寿宫　翊坤宫　钟粹宫　永和宫　景阳宫　延禧宫　承乾宫　景仁宫

二、中国现存最大且最完整的皇家园林：颐和园

颐和园位于北京西北郊的玉泉山麓，是中国现存最大且最完整的皇家园林，被誉为"皇家园林博物馆"。园内的建筑、雕塑、壁画等文化艺术品，展现了中国古代皇家文化和艺术的瑰宝，对研究中国历史和文化具有重要价值。

1. 颐和园的历史沿革

颐和园的建造历程跨越了金、元、明、清四朝，是中国园林艺术的瑰宝，也是清代皇家离宫的代表作。金代，颐和园的原址被称为"金山行宫"，已经具有一定的园林规模。到了元明时期，这里更成为京郊胜地，吸引了众多文人墨客和皇亲贵胄前来游览。清代，颐和园迎来了它的辉煌时期。

清政府决定在此大举扩建，初名"清漪园"，整个园林的规模和布局都得到了极大的提升。园内湖光山色、亭台楼阁、长廊水榭相映成趣，成为当时中国园林艺术的巅峰之作。

清漪园在英法联军的侵略下遭到了严重的破坏。许多珍贵的建筑和文物被损毁，园林的景观也遭到了极大的破坏。

乾隆十五年
（1750 年）

咸丰十年
（1860 年）

《颐和园风景图》清·佚名

▼ 此图是从颐和园昆明湖东南北望万寿山的角度绘制的，采用广角的方式概括描绘了颐和园最为重要的标志性景观，如佛香阁、知春亭、廓如亭、十七孔桥等。图中亭台楼阁黄色、绿色、灰色的屋顶敷色细腻，石桥栏柱等建筑细节描绘精准。湖面行驶的"小火轮"汽船是慈禧太后掌政时期的新鲜玩物。

慈禧太后决定对清漪园进行修复和扩建。她以训练水师为名，挪用了海军的军费，对清漪园进行了全面的修复和改造。经过数年的努力，清漪园终于恢复了昔日的辉煌，并被改称为"颐和园"。

颐和园又遭八国联军的破坏，后于1902年修复。

光绪十四年
（1888 年）

光绪二十六年
（1900 年）

2. "前宫后苑"的建筑布局

颐和园的全园占地 3.009 平方千米，水面约占四分之三。其建筑布局充分体现了"前宫后苑"的传统布局特点，这是中国自古以来皇家园林的典型设计，并在清代达到了高峰。这种布局不仅为皇帝提供了游憩之所，还兼具了起居、观奇、理政、狩猎等多重功能，能满足皇帝在园林中的多种需求。

（1）颐和园中的"前宫"

颐和园的"前宫"区域，集理政与起居功能于一体，是皇帝处理政务与日常起居的核心区域。东宫门作为庄严的入口，由此进入这一皇家重地。内部建筑布局严谨，包含仁寿殿、玉澜堂、庆善堂等，其中仁寿殿以其肃穆庄重的姿态，引人注目。

仁寿殿 仁寿殿作为颐和园的行政中心，其庄重与威严彰显了皇家园林的尊贵地位。此殿不仅是慈禧太后与光绪皇帝在园居住期间处理政务、接受朝贺及会见外国使节之所，更是颐和园听政区的核心建筑。尤为值得一提的是，1898 年光绪皇帝在此地召见了改良派领袖康有为，这一历史事件标志着维新变法运动的序幕被正式揭开。

北宫门

苏州街

多宝塔

智慧海

谐趣园

佛香阁

清晏舫

排云殿

排云门 长廊

东宫门

仁寿殿

知春亭

文昌阁

颐和园的平面布局图

十七孔桥

廊如亭

（2）颐和园中的"后苑"

颐和园的"后苑"部分则是以昆明湖和万寿山为主体的园林景区，这里山水相映，风景如画。湖中的岛屿、堤岸上的建筑、山上的亭台楼阁等，都巧妙地融入了自然环境中，形成了独特的园林景观。这些景观不仅为皇帝提供了游憩和观赏的场所，还体现了中国古代园林艺术的精髓。

昆明湖区域：昆明湖区域可以大致划分为三个部分，包括西堤区、湖心岛屿区和东堤区。其中西堤仿照杭州苏堤而建，是纵贯昆明湖的一道南北长堤，将昆明湖分为东西两部分。长堤上建有六座风格各异的桥梁，自北向南依次为：界湖桥、豳风桥、玉带桥、镜桥、练桥、柳桥。这些桥梁不仅是通行要道，还以其独特的建筑风格和寓意成为昆明湖上的重要景观。昆明湖中有三个湖心岛，即南湖岛、治镜阁岛和藻鉴堂岛，分别象征着中国古老传说中的东海三神山：蓬莱、方丈、瀛洲。东堤则指昆明湖的东岸，堤上主要有廊如亭、知春亭、文昌阁等建筑。

知春亭 始建于乾隆年间，其名称源于宋诗句"春江水暖鸭先知"，寓意春天到来时，此处春意盎然。知春亭为重檐四角攒尖顶，正投影面积104.84平方米。

知春亭

文昌阁

十七孔桥

廊如亭

文昌阁 始建于乾隆十五年（1750年），1860年被英法联军烧毁，光绪时重建。位于颐和园昆明湖东堤北端。文昌阁是传统的祭祀建筑，也是颐和园内六座城关建筑中最大的一座，主阁两层，内供铜铸的文昌帝君和仙童。

廓如亭 始建于乾隆十七年（1752年），光绪时重修。位于十七孔桥的东端，俗名八方亭，建筑平面呈八方形，且拥有重檐八脊攒尖圆宝顶。

可以俯瞰整个昆明湖的桥梁——十七孔桥

十七孔桥位于昆明湖东岸，是一座连接南湖岛与东岸的长廊式石桥。十七孔桥全长约150米，宽约8米，桥身由十七个石拱洞串联而成，因此得名"十七孔桥"。其桥身坚固，线条流畅，每个石拱洞都雕刻精美，展现了古代工匠们的卓越技艺。桥上的石栏雕刻着精美的图案，有莲花、祥云、龙、凤等，这些图案寓意着吉祥、和谐与美好。特别是桥两侧的汉白玉石栏，雕刻着各种姿态生动的石狮，有的母子相抱，有的嬉戏玩耍，活灵活现，惟妙惟肖。此外，十七孔桥还是欣赏昆明湖美景的绝佳位置。站在桥上，可以俯瞰整个昆明湖。特别是当夕阳西下时，金色的阳光洒在湖面上，波光粼粼，美不胜收。

万寿山区域：万寿山区域可以归纳为山脚至山顶的中轴线部分、中轴
线两侧的辅助景点和后山景区等部分。从山脚的"云辉玉宇"牌楼开始，
经过排云门、排云殿、德辉殿，直至山顶的佛香阁和智慧海。这条轴线是
万寿山的核心区域，建筑层层上升，错落有致，形成一条壮丽的景观带。

在中轴线的两侧散布着众多亭台楼阁，如
长廊、亭子等，这些景点与中轴线上的主
要建筑相互呼应，共同构成了万寿山的丰
富景观。后山景区部分则包括谐趣园、多
宝塔、清宴舫、苏州街等景点。后山景区
与前山景区风格各异，既有皇家园林的雄
伟，又不失江南园林的精巧。

排云殿 原为报恩延寿寺，后改建为
慈禧太后做寿之所。殿五楹，建
于石砌月台上，内殿宽敞。排云
殿东西两侧有配殿，游廊相连，
直通佛香阁。

佛香阁 高 36 米，坐落在高 21 米的
台基上，为三层、八角、四重檐
的攒尖顶建筑。阁内供奉有铜铸
金裹千手观世音菩萨站像，具有
较高的文物和艺术价值。

世界上最长的画廊——颐和园长廊

颐和园长廊位于万寿山南麓和昆
明湖北岸之间，始建于清代乾隆十五
年（1750 年），初建时名为"万寿山
房"。然而，在 1860 年的战火中，
长廊被英法联军焚毁。幸运的是，
1888 年，长廊得到了重建，并更名为
"慈禧山房"。颐和园长廊全长 728 米，
被誉为世界上最长的画廊。长廊的每
一根枋梁上都绘有精美的彩画，总计
有 14000 余幅。这些彩画色彩鲜艳，
富丽堂皇，内容多为山水、花鸟图，
以及中国古典四大名著（《红楼梦》
《西游记》《三国演义》《水浒传》）
中的情节。其中，人物故事画尤为引
人入胜，每一幅都构图生动、形态逼
真，没有哪两幅是完全相同的。

北宫门
苏州街
多宝塔
智慧海
谐趣园
佛香阁
排云殿
清晏舫
排云门　长廊
东宫门
知春亭　仁寿殿
文昌阁

智慧海　清乾隆时期所建，结构用砖石发券❶砌成，不用梁柱承重，俗称无梁殿。建筑屋顶、壁画均用五色琉璃装饰，并在殿外壁面上嵌有无量寿佛 1110 尊。

多宝塔　多宝塔是一座精美的琉璃宝塔，建于乾隆年间。塔身高 16 米，八面七级，塔身采用七色琉璃砖瓦镶砌，下承汉白玉须弥座。

谐趣园　乾隆十六年仿照江苏省无锡市寄畅园所建，占地面积约 10000 平方米。园内布局精巧，且注重与自然山水的结合。作为颐和园中的园中之园，谐趣园对研究清代皇家园林建筑有着重要价值。

苏州街　全长约 300 米的仿江南水乡风貌的买卖街。始建于乾隆年间，最初专供清代帝后游览，店员由太监、宫女装扮。遗憾的是，1860 年苏州街被列强焚毁，现在的苏州街为 1986 年重修的。

清晏舫　原称石舫，建成于乾隆二十年（1755 年），舫身系用巨石雕砌而成，通长 36 米。原有中式舱楼，1860 年被英法联军烧毁，光绪十九年（1893 年）重建时改为洋式舱楼，并取"河清海晏"之意，命名为"清晏舫"。

---

❶ 发券：建筑中一种重要的砌筑方法，它利用块料之间的侧压力构建跨空的承重结构，并具有一定的装饰效果。

三、中国现存最早的皇家祭祀园林：
晋祠

晋祠坐落于山西太原西南，背倚巍峨的悬瓮山，是中国现存最早的皇家祭祀园林。北魏时便闻名四方，但遗憾的是如今难寻原貌。今日所见的晋祠布局，主要是由宋代圣母殿至明清历代营建的不同建筑组成。

晋祠鸟瞰图

1. 晋祠的历史沿革

晋祠原名为晋王祠，初名唐叔虞祠，是为纪念晋国开国诸侯唐叔虞（后被追封为晋王）及其母后邑姜后而建。

西周时期：周成王姬诵封胞弟姬虞于唐，称唐叔虞。其封地在今山西翼城，后迁至晋阳，建立祠宇。

东汉至南北朝时期：经历了多次修缮和扩建，尤其是南北朝天保年间，文宣帝高洋对晋祠进行了大规模的扩建。

隋唐时期：隋代在祠区增建舍利生生塔，唐太宗李世民到晋祠，撰写碑文《晋祠之铭并序》，并进行了扩建。

宋代：宋太宗赵光义在晋祠大兴土木，宋仁宗赵祯追封唐叔虞为汾东王，并为邑姜修建了规模宏大的圣母殿。

元明清时期：历经多次修缮和扩建，遂成当今规模。

2."三分法"的整体布局

　　晋祠的整体布局丰富而合理，按中、北、南三部分规划，中部以中轴线为主，建筑结构宏伟。北部建筑依山势而建，错落有致，崇楼高阁掩映在山林之间，营造出幽静独立的空间。南部建筑群则以风景诱人，水声潺潺，松风水月，亭桥点缀，宛如一幅自然山水画。整体而言，晋祠的布局与自然环境和谐相融，形成了独特而雄浑的古代祭祀空间。

（1）中部建筑群

　　宋代增建的圣母殿一跃成为晋祠规模最大的建筑物。经多次修葺和扩建，一组以圣母殿为核心的建筑群，包括圣母殿、水镜台、会仙桥、金人台、对越坊、钟鼓楼、献殿及鱼沼飞梁，由东向西排列，成为晋祠的主体。

（2）北部建筑群

　　北部建筑群从文昌宫起，经过东岳祠、关帝庙、三清洞、唐叔虞祠等建筑，随着山势层层叠叠，形成了一处幽静独立的空间。这些建筑在山林植物的掩映中若隐若现，体现了建筑与自然景观的和谐统一。

（3）南部建筑群

　　南部建筑群从胜瀛楼开始，经过傅山纪念馆、三圣祠、难老泉亭至公输子祠等建筑，整体布局如写意的自然山水画，极富诗情画意。再往南还有晋溪书院、奉圣寺、舍利生生塔、留山园等，共同构成一组殿宇恢宏、环境清雅幽静的空间。

水镜台

　　位于晋祠大门内，是晋祠中轴线的起点。水镜台是明清时期的戏台建筑，建筑风格古朴典雅，结构精巧，是晋祠中重要的表演场所。

献殿

　　位于鱼沼飞梁之前，建于金代，是古代祭祀时陈列贡品的大殿。外观酷似凉亭，是我国现存最早的，也是唯一的殿、亭结合的献殿。

圣母殿

　　圣母殿是晋祠的主殿，也是晋祠内最古老的建筑之一，为宋代建筑的代表作之一，具有极高的历史价值和艺术价值。

晋祠主要建筑布局平面图

鱼沼飞梁

我国现存最早的水陆立交桥，也是中国古代十字形桥梁的孤例。此外，鱼沼飞梁建在圣母殿前，作为殿前平台用，这种形制也属孤例。

胜瀛楼

位于晋祠南路最东端，是一座二层三间、歇山顶的建筑，也是南部建筑群的重要标志性建筑之一。

鱼沼飞梁的独特构造

鱼沼飞梁的核心是 34 根深入"鱼沼"水中的八角形石柱，每根石柱的长宽均约 30 厘米，柱础上的莲瓣纹饰样清晰可见，保留着北朝时期的风韵。石柱之上巧妙地架设着斗拱，斗口十字相交，承接了梁、额与横梁，形成了一个稳固的结构体系。而梁上架有的十字桥面，更是展示了工匠们的智慧与匠心。桥面由中心向四周伸展，通过阶梯连接四边地面，形成了独特的"飞梁"景观。

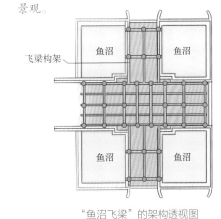

"鱼沼飞梁"的架构透视图

3. 中国现存"副阶周匝"殿堂的最古实例——圣母殿

圣母殿始建于北宋天圣年间（1023～1032年），后在崇宁元年（1102年）进行了重修。这座大殿不仅是晋祠内最古老的建筑之一，更是宋代建筑的杰出代表，体现了当时建筑艺术的精湛技艺和审美意识。

（1）圣母殿的外观

圣母殿坐西朝东，平面布局接近正方形，面宽八柱七间，进深七柱六间，殿身宽五间深三间，殿高近19米。尽管位于北方，但其外观却展现出独特的轻盈美感，透露着一种南方建筑的神韵。

屋顶：圣母殿屋顶采用重檐歇山顶，其屋顶举折平缓，曲线柔美，流动感十足。屋脊平直，两侧设大吻，正中立脊刹。山尖处，外露的屋架与博风板相映成趣，为整个建筑增添了一抹独特的韵味。

前廊：圣母殿的前廊巧妙运用了减柱手法，以蜀柱支撑屋顶，不落地面，以营造出宽敞的空间，这一奇特的布局，推测是因古代祭典需在比较宽敞的空间进行。步入殿内，前廊的明亮逐渐转为幽暗，光影的变换使人心境沉静内敛，营造出一种庄重肃穆的氛围。

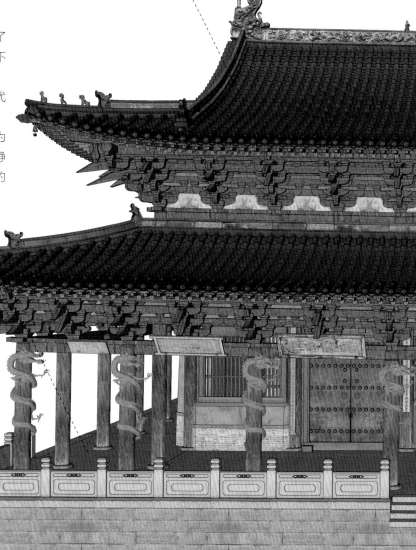

斗拱：屋顶檐下的斗拱硕大，屋檐翼角飞扬，上下檐出檐适中。其斗拱铺作可以简单地区分为"柱前铺作"、两柱之间的"补间铺作"以及"转角铺作"。

柱前铺作：位于柱前的斗拱，起到支撑檐部、增强建筑稳定性的作用。

补间铺作：位于两柱之间的斗拱，起到补充和连接的作用，使檐部更加稳固。

转角铺作：位于建筑转角的斗拱，设计精巧，增强了建筑的结构稳定性，同时具有一定的装饰效果。

圣母殿中的『副阶周匝』

"副阶周匝"这个名词在中国宋代的建筑著作《营造法式》中有所记载，指在建筑主体以外另加一圈回廊的做法。"副阶"指的是在建筑主体外附加的前廊或回廊，"周匝"则意味着环绕一周，即这一圈回廊完全环绕着主体殿身。使用"副阶周匝"形成的回廊，不仅增强了建筑的美观性，还突出了底层基座，使建筑看起来更加坚实稳定。据研究发现，圣母殿中的"副阶周匝"是目前发现的最早实例。

龙柱：圣母殿的龙柱堪称一绝，共八根，每根柱上均雕有栩栩如生的盘龙。这些盘龙形态各异，各抱一根大柱，有飞天之势。这些木雕龙柱是宋代古建筑中仅存的实例，也是中国现存实物中最早的龙柱。

（2）圣母殿中的宋代彩塑

圣母殿中的宋代彩塑，总数达到43尊，以圣母塑像为中心，其余42尊分列于大殿内西南北三壁和中央神龛左右。这些彩塑包括宦官塑像5尊、女官塑像4尊、侍女像33尊，共同构成了一个丰富多样的宫廷生活场景。

圣母殿中的彩塑

▼ 圣母端坐在一张凤头大椅之上，墙边侍女、女官及宦官环绕。塑像大部分为宋初原物，明清重新彩绘。其中，侍女的容颜形貌依据当时宫廷嫔妃妇女而塑，其服饰和发型都是真实的人物写照。这些彩塑反映了宋代艺术崇尚写实的特点，是研究宋代彩塑艺术的珍贵史料，也是了解当时宫闱生活和衣冠的重要实例。

具有重要研究价值的中国古代家具——圣母座椅

圣母座椅底部设须弥座，其束腰处有七根短柱，柱间设壶门，皆为唐宋座椅的特征。座椅搭脑与扶手饰以凤首造型，与后方屏风顶部凤首呼应，显示其为成套的家具，对于中国古代家具史的研究具有重要价值。

圣母座椅

四、中国现存最具代表性的
皇家祭祀坛庙：天坛

天坛作为明清两代皇家祭祀天地的核心场所，是一座典型的坛庙建筑群。其建筑布局严谨、结构独特、装饰瑰丽，充分展现了封建礼制的庄重与美感。天坛不仅承载着丰富的历史文化内涵，更以其精湛的建筑艺术成就，被誉为我国现存最为精致、美丽的封建礼制建筑群之一。

1. 天坛的历史沿革

天坛自明成祖迁都北京后兴建，初为天地合祭之所，表达对自然的崇敬。嘉靖年间，基于阴阳哲学，改为独立祭天的场所。清代对天坛曾进行过多次扩建与修缮，形成了现今的宏伟格局。其中，祈年殿作为标志性建筑，虽曾遭雷击损毁，但在清光绪年间得以重建，仍屹立于天坛之上，见证了天坛的悠久历史与皇家祭祀的庄严传统。

天坛的建造背景

天坛的建造背景深深植根于中国古代对天地自然力量的敬畏与崇拜之中。自原始时期起，人类便发展出对天地山川之神的崇敬仪式。至周代，这一传统逐渐演化为中国独特的礼制建筑。到了明清时期，官方将祭祀天地日月及风雨雷电等自然现象提升至国家重要祭典的地位，与古圣先贤的坛庙并重。天坛正是在这一历史背景下由皇帝亲自主持而建，作为祭天、祈雨及祈祷五谷丰收的礼制建筑，不仅体现了古人对天地自然的敬畏，也彰显了朝廷皇权的正当性。

1420年
明永乐十八年

建造了方形的大祀殿（祈年殿前身），用于祭祀天地。

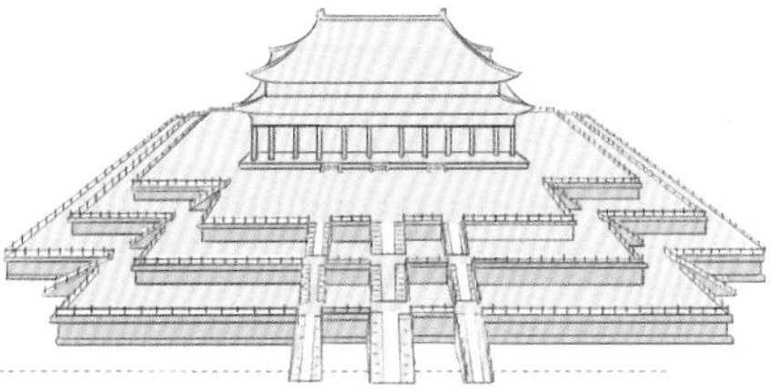

1530年
明嘉靖九年

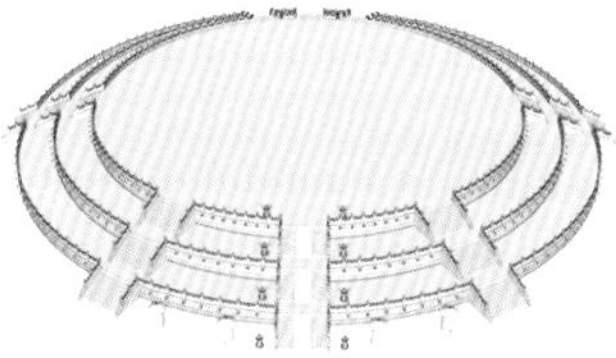

天与地分开祭祀，在大祀殿旁修建圜丘坛以祭天。

1545年
明嘉靖二十四年

拆除大祀殿，改建成圆形的泰享殿，用来祈求丰收（这时顶部琉璃瓦的颜色为上青、中黄、下绿，分别代表天、地、谷）。

1749年
清乾隆十四年

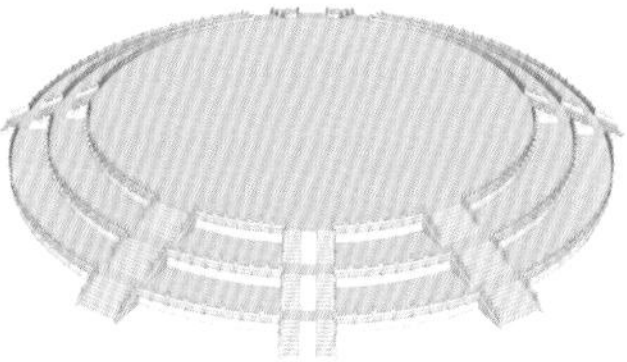

对圜丘坛进行扩建，用汉白玉石替代青釉。

1751年
清乾隆十六年

修缮泰享殿，且更名为祈年殿，将青色、黄色、绿色的三层瓦片统一为蓝色。

1911年

中华民国政府禁止祭天。490年的时间里，明清两代共22位皇帝在天坛举行了654次祭祀活动。

1918年

天坛作为公园向公众开放。

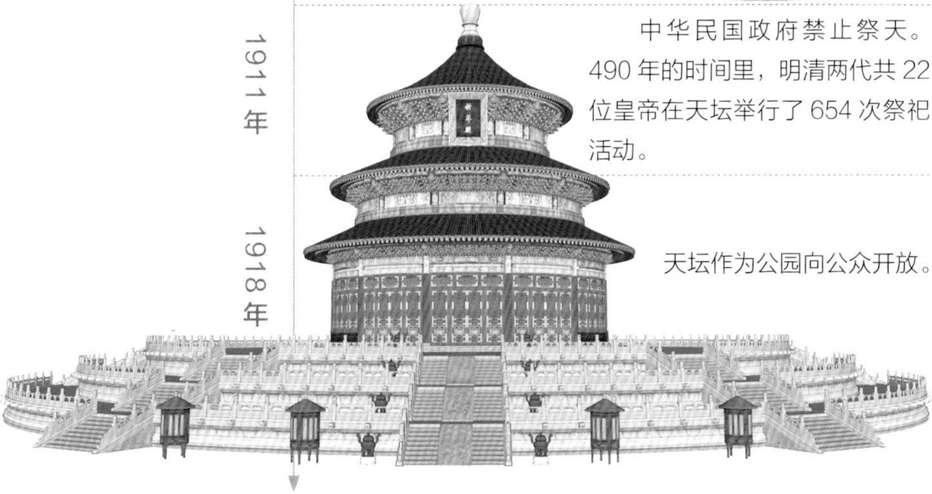

2. 体现"天圆地方"哲学思想的建筑布局

　　天坛的建筑布局严谨而宏大，总面积可达 273 万平方米，东西长 1700 米，南北宽 1600 米。其布局体现了深厚的文化底蕴和哲学理念，整体平面呈现南圆北方的形态，这一设计象征着"天圆地方"的哲学思想。天坛由内外两层围墙分隔，外部设有神乐署等建筑，供舞乐人员暂居。而核心区域则集中于中轴线，自南向北依次为圜丘、皇穹宇和祈年殿，这三座圆形建筑不仅结构精美，更彰显了中国古代建筑艺术的独特魅力，成为天坛建筑布局的精华所在。

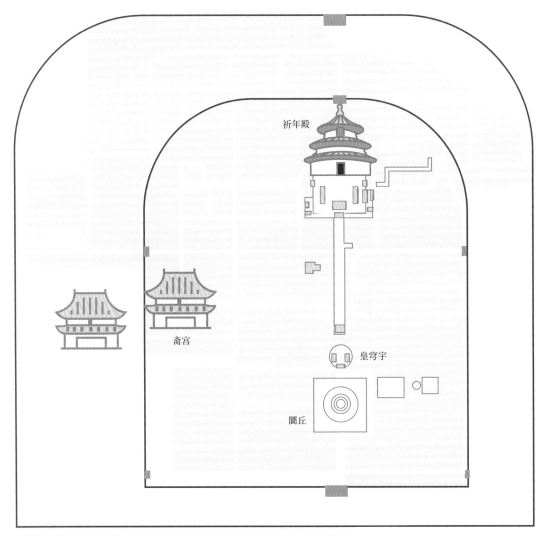

天坛平面布局图

圜丘 始建于明嘉靖九年（1530年），经清乾隆十四年（1749年）重修，是一座三层露天园坛，外方内圆，以汉白玉石筑成，四面设门。

祈年殿 天坛的主体建筑，坐落在祈谷坛上。

皇穹宇 清乾隆八年（1743年）改建，内部供奉"昊天上帝"牌位，采用单檐圆攒尖琉璃瓦顶，殿宇由内外两圈八根柱撑起。其外一圈的环形围墙，与圆形建筑形成特殊回音效果。

圜丘上的"数字"

在中国古代文化中，奇数被赋予了阳的象征意义。因此，在构建圜丘时极为讲究，无论是台阶、栏杆，还是铺面石块，其数量都严格遵循"九"或"九的倍数"这一原则，以彰显其尊贵与神圣，同时也体现了古代建筑文化中对于数字与宇宙哲理的深刻理解和独特诠释。

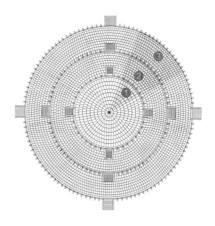

①天心石圜丘最中心的圆形石，站在上面说话能够听到回音。

②三层栏板的数量分别是36块、72块和108块，相加为216块。

③圜丘上的扇形石数量为"九"的倍数，三层坛共378个"九"，合计用扇面石3402块。

斋宫 皇帝祭天时暂居的斋宫，设在内墙范围之内，为了加强皇帝居所的安全，其外围有两重"御沟"，四周以回廊163间环绕。

3. 中国最具宇宙象征性的古建筑——祈年殿

位于北端的祈年殿是天坛最具宇宙象征性且最为高大的建筑，作为天坛内的核心建筑，祈年殿不仅是一座宏伟壮观的古代建筑，更是中国古代皇家祭祀文化的重要载体。

（1）祈年殿的建筑特色与设计理念

祈年殿的直径为 24.2 米，高 38.2 米，大殿底层圆形部分所占面积达到 460 平方米，坐落于三层汉白玉圆台上，高度和规模均体现了皇家的尊贵与威严。其设计体现了"敬天礼神"的思想，殿为圆形，象征天圆；瓦为蓝色，象征蓝天。祈年殿前设祈年门，后为皇乾殿，左右有配殿，拥有一个独立完整的领域。

琉璃瓦顶：三层蓝色琉璃瓦顶作为建筑屋顶，象征至高无上的"天"，在中国传统文化里，天是自然之本、万物之祖。

鎏金宝顶：顶端装饰鎏金宝顶，落雨时，雨水自屋顶层层滴下扩散，仿佛天降甘霖、泽被苍生至神州大地。

汉白玉台基：三层汉白玉台基与三重檐屋顶相呼应，外观如同天和地的连接，非常和谐。

（2）祈年殿的内部构造

祈年殿的精髓之处在于其内部木结构巧妙融入了天文地理、日月星辰及阴阳八卦的智慧，展现出深厚的文化底蕴。其设计不仅是对自然规律与宇宙奥秘的精准诠释，更彰显出古人对天地万象及皇权威仪的崇高敬意。

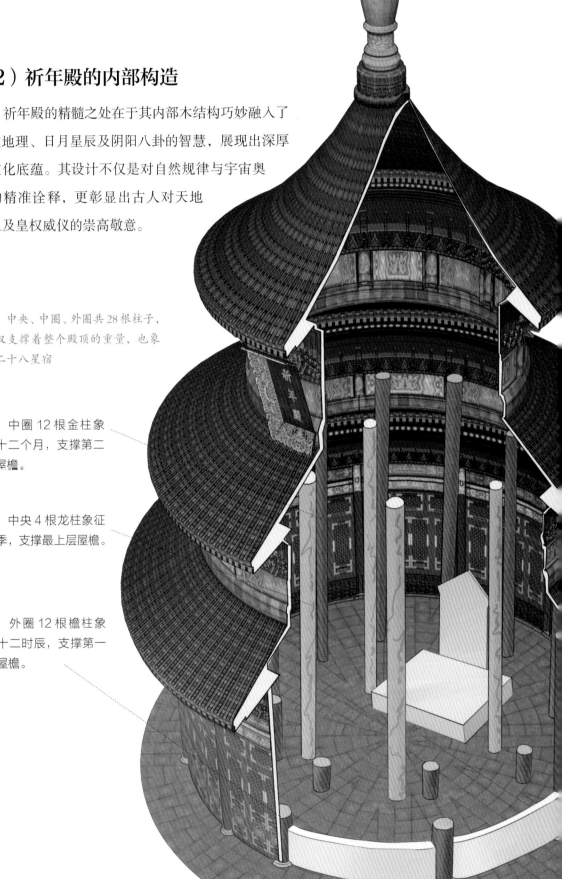

中央、中圈、外圈共28根柱子，不仅支撑着整个殿顶的重量，也象征二十八星宿

中圈12根金柱象征十二个月，支撑第二层屋檐。

中央4根龙柱象征四季，支撑最上层屋檐。

外圈12根檐柱象征十二时辰，支撑第一层屋檐。

祈年殿的藻井

　　祈年殿的核心是四根巍峨的龙柱（也称通天柱），这些龙柱以鼓镜式柱础为基，柱身则雕刻着精美的海水宝相花纹，并辅以沥粉堆金的工艺，坚固而华丽，共同支撑着殿顶中央的"九龙藻井"。九龙藻井与殿内地面上的龙凤石相互呼应，形成一幅龙凤呈祥的壮丽画面，象征着天地相应、皇权与自然的和谐统一。

祈年殿内景

五、中国历史上早期建造的城市之一：苏州城

苏州城是江南水乡城市的杰出代表，坐落于长江下游的太湖畔。据专家考证，自公元前 514 年伍子胥受吴王阖闾之命兴建苏州城以来，其原始城池规模历经千年，仍得以延续至今，对中国城市发展史的研究具有深远价值。

1. 苏州城的历史沿革

苏州城的整体布局与发展脉络充满了历史的厚重感。城池形状呈长方形，街道设计呈格子状，既体现了古代城市规划的严谨性，也便于城市管理和居民生活。

《姑苏繁华图》（局部）清·徐扬

▼《姑苏繁华图》全长逾 12 米，细腻展现了从灵岩山至虎丘山的苏州城盛景。画面涵盖木渎镇、石湖、上方山等地，最终引入姑苏郡城，穿越葑门、盘门、胥门直至阊门外，再经山塘桥抵达虎丘山。据统计，图中人物逾万，舟船近 400 艘，桥梁 50 余座，店铺 200 余家，房屋多达 2000 栋。画作精妙地捕捉了当时苏州商贸繁荣、百业兴旺的市井生活场景。

春秋时期　　伍子胥受吴王之命，依据"象天法地"的哲学理念修筑苏州城，设置陆门八座及水门八座，充分考虑了苏州作为水乡城市的特性。

南北朝时期　　城内佛教文化盛行，寺庙和园林如雨后春笋般涌现，为苏州增添了浓厚的文化底蕴。

唐代　　苏州城被划分为六十坊，各坊均设有门，这一规划使得城市功能更加明确，居民生活更加便捷。

北宋时期　　苏州城被更名为平江府，城内不仅有衙署、礼制建筑、佛寺、道观等官方和宗教建筑，还有贡院及民间私家园林等，展示了当时苏州的繁荣与昌盛。

南宋时期　　南宋与金国之间的战事几乎让苏州城毁于一旦。幸运的是，宋孝宗淳熙年间（1174~1189年），苏州城得到了大规模的修缮与重建。现藏于苏州孔庙内的"平江图"碑，正是南宋理宗绍定二年（1229年）苏州城重建后的平面布局图。古今对照，可以发现尽管历经沧桑，但苏州城的整体格局变动并不大。

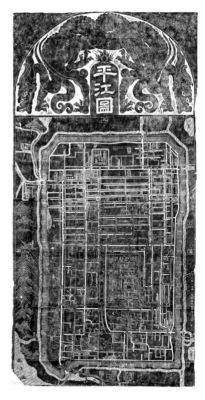

《平江图》碑刻

▲ 南宋时期的碑刻《平江图》是我国现存最早、最详细完整的城市平面图，其上标注各类地名610余处，包括交通线路、各类建筑等，十分精细。

2. 充分体现"城郭之制"的整体布局

"城郭之制"是我国古代城市建设的独特体系，涉及城郭、大城、子城等多层城墙构造。据《平江图》所示，苏州城的布局明晰，大城与子城两重城墙并存，子城作为政治中心，位于城东南，即平江府衙所在。城西北的平权坊与西市坊区域为繁荣的商业中心，而居民区则分布于子城北部。盘门作为通往南宋都城临安的要道，其附近设有高丽亭等驿馆，专事接待朝廷命官及各国使节。此外，府学、贡院等教育机构亦坐落于此。城西，百花洲、姑苏馆等城市园林点缀其间，增添雅趣。城市的北部与东部则大面积种植农田，展现了古代城市在备战自足方面的深思熟虑。

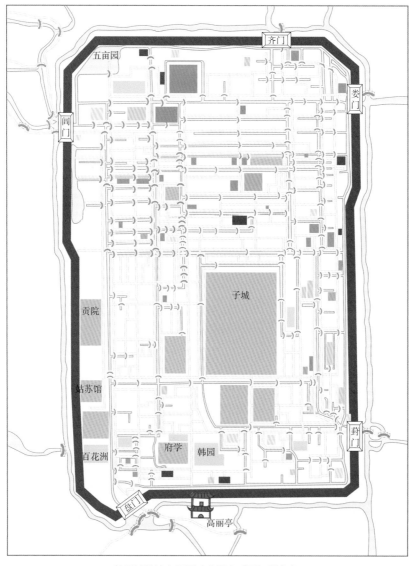

苏州城整体布局图（临摹自《平江图》）

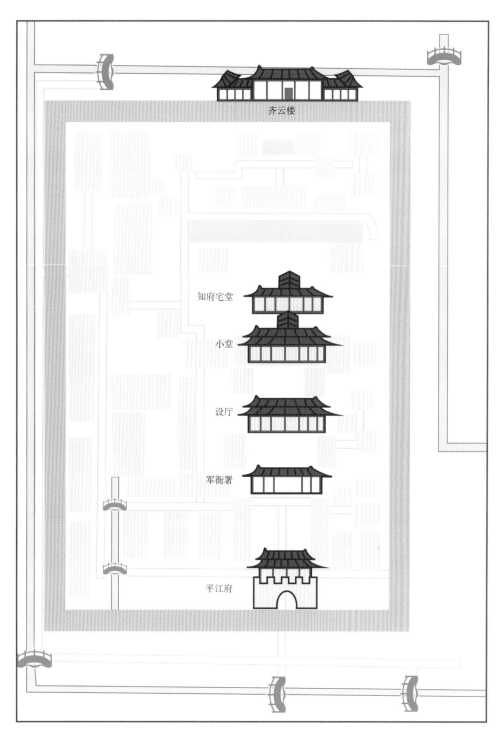

苏州城子城布局图（临摹自《平江图》）

▲ 子城是一组庞大的建筑群，由 20 多个合院组成，自南向北在中轴线上排布了平江府、军衙署、小堂、知府宅堂、齐云楼等建筑，体现了"前朝后寝"的布局思想。另外，子城周围设有城墙和护城河，整个子城建筑群规模宏大、气势庄严，与周边民居形成鲜明的对比，体现了我国封建社会等级制度的森严。

3. 中国城市现存水陆双门并列的孤例——盘门

　　苏州古城的外城墙周长约为 15 千米，历经战乱与火灾的侵袭而多次重修，最终保留有六座城门，即位于西侧的胥门，位于北侧的齐门，位于东北的娄门，位于东南的葑门，位于西北的阊门，以及位于西南的盘门。这些城门曾设计有水陆两道门户，但多数因年代久远而淤塞，如今仅有盘门依旧保留着完整的水陆两门的形制。

　　盘门，古称"蟠门"，因城门上悬挂的木制蟠龙而得名，意在震慑越国。现存城门始建于元至正十一年（1351 年），明清时期又经修缮，并题有"龙蟠水陆"之匾。城门设计独特，水陆两门并列，其间设有瓮城，城墙上设有雉堞、女墙及上城坡道等。其门楼虽在抗战中损毁，但于 1986 年得以重建，并列入全国重点文物保护单位，成为苏州城市文化的重要象征。

盘门实景图

六、中国现存较完整的佛教建筑群：
佛光寺

山西五台山自唐代起便被确立为我国佛教的重要中心，众多佛寺在此汇聚。其中，佛光寺坐落于五台县城东北的佛光山腰，该寺依山而建，三面环绕着茂密的林木，环境清幽雅致。寺内殿宇布局合理，错落有致。

《五台山图》（局部）

1. 佛光寺的历史沿革

佛光寺可溯源至北魏孝文帝时期，历经唐武宗会昌年间的灭佛之劫，多数建筑毁于一旦，现存格局是其后逐步重建而成的。

创建与发展时期

　　始建于北魏孝文帝时期（471~499年），这一时期是佛光寺的初创阶段。隋末唐初，佛光寺已成为五台山地区的名刹，显示出其在佛教文化中的重要地位。

损毁与覆灭时期

　　唐武宗会昌年间，财政困难、佛教寺院经济过分扩张以及与普通地主的矛盾，使唐武宗在道士赵归真的鼓动和李德裕的支持下，决定进行废佛运动。会昌五年（845年）四月，唐武宗下令清查天下寺院及僧侣人数。五月，唐武宗进一步命令长安、洛阳等地仅留少量寺院和僧侣，天下诸郡也仅留一寺，并根据寺院规模限制僧侣人数。八月，更是下令限期拆毁诸寺，总计拆除了寺院四千六百余所、兰若（私立的僧居）四万所。在这一系列的灭佛行动中，佛光寺也遭受了严重打击。

重建与兴盛时期

　　唐宣宗大中元年（847年），由于唐宣宗李忱继位，佛教文化再次兴盛，佛光寺得以重建。唐大中十一年（857年），在京都女弟子宁公遇和高僧愿诚的主持下，佛光寺进行了大规模的重建工作。现存的东大殿及殿内彩塑、壁画等，即是这次重建后的珍贵遗物。

修缮与扩建时期

　　金代，佛光寺前院两侧增建了文殊殿和普贤殿，进一步丰富了寺庙的建筑。元代，佛光寺进行了殿顶的补修，并添配了脊兽。明清时期，天王殿、伽蓝殿、香风花雨楼、关帝殿、万善堂等建筑被重建或扩建，形成了现今佛光寺的规模。

佛光寺的发现历程

　　佛光寺的发现并非偶然，其线索来源于敦煌的一幅壁画《五台山图》。1937年，梁思成在一本关于敦煌石窟壁画的书中发现了佛光寺的名字，并根据画中的建筑特征推测这座寺庙中很可能存在唐代的建筑。梁思成和林徽因基于这一线索，决定前往五台山探寻佛光寺。当时交通不便，他们从北京出发，经历了火车、汽车等交通工具的辗转，最终乘坐毛驴车到达五台山并找到了佛光寺。

2. 因势而设的建筑群落

寺庙建筑群依山而建，顺应西向较疏阔低下的山腰地形，分布在三级高台上，背倚悬崖峭壁。据推测，高台为人工开凿填充所成。首入天王殿，即抵达第一平台，南侧的伽蓝殿与北侧的文殊殿交相辉映；二级平台北侧为香风花雨楼；二三级平台由陡峻的台阶连接，东大殿则雄踞于第三层平台，北侧为万善堂，南侧为关帝殿，东南角是祖师塔，共同构成佛光寺的壮丽景观。

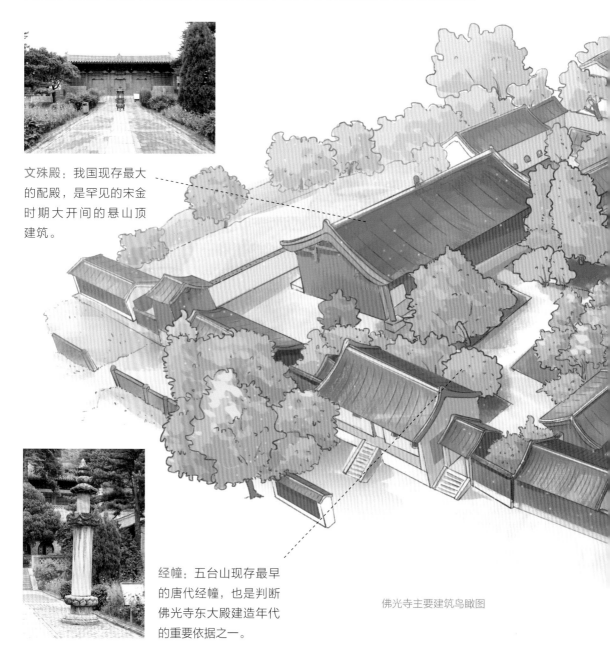

文殊殿：我国现存最大的配殿，是罕见的宋金时期大开间的悬山顶建筑。

经幢：五台山现存最早的唐代经幢，也是判断佛光寺东大殿建造年代的重要依据之一。

佛光寺主要建筑鸟瞰图

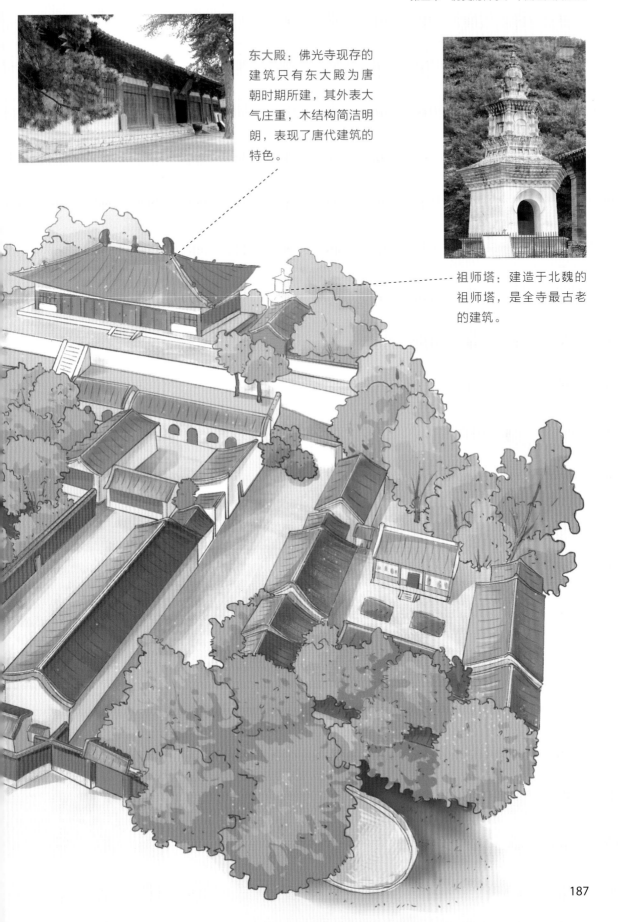

东大殿：佛光寺现存的建筑只有东大殿为唐朝时期所建，其外表大气庄重，木结构简洁明朗，表现了唐代建筑的特色。

祖师塔：建造于北魏的祖师塔，是全寺最古老的建筑。

3. 中国现存最完整的唐代木结构殿堂——东大殿

佛光寺中最重要的建筑是东大殿，始建于晚唐，是中国现存规模最大、结构最复杂、保存最完整的唐代建筑。它位于三级平台的最高处，站在东大殿能够俯瞰整个寺院，展现了佛教文化的博大精深与庄严肃穆。

（1）东大殿的外观构成

佛光寺东大殿以其别具一格的外观设计，彰显了唐代建筑的独特魅力。该殿面阔七间，进深四间，充分展现了殿堂建筑的宏大气势与空间感。屋顶采用四坡五脊的庑殿顶构造，高度几乎与墙身持平，彰显其雄伟之势。中间五间设有厚重的板门，与殿内龛台宽度相协调，两侧的边间则以槛墙填实，既增强了结构的稳固性，又通过直棂窗的设计，展现了唐代建筑的经典元素。

吻兽：东大殿上的吻兽虽为元代添配，但完美地融合了唐代的建筑元素，作为正脊两端的饰物，不仅美观大方，更寓意着对平安福康的追求。

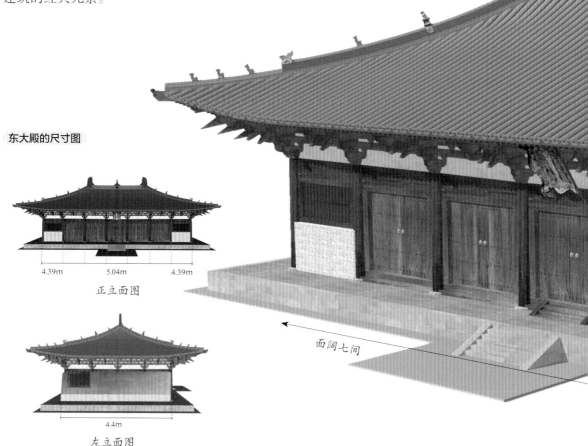

东大殿的尺寸图

正立面图 4.39m 5.04m 4.39m

左立面图 4.4m

面阔七间

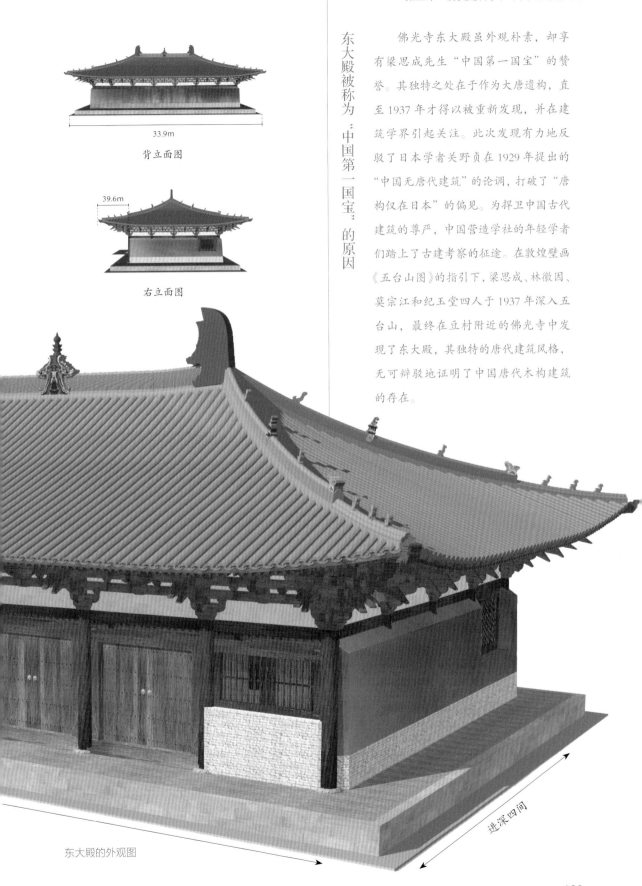

佛光寺东大殿虽外观朴素，却享有梁思成先生"中国第一国宝"的赞誉。其独特之处在于作为大唐遗构，直至1937年才得以被重新发现，并在建筑学界引起关注。此次发现有力地反驳了日本学者关野贞在1929年提出的"中国无唐代建筑"的论调，打破了"唐构仅在日本"的偏见。为捍卫中国古代建筑的尊严，中国营造学社的年轻学者们踏上了古建考察的征途。在敦煌壁画《五台山图》的指引下，梁思成、林徽因、莫宗江和纪玉堂四人于1937年深入五台山，最终在豆村附近的佛光寺中发现了东大殿，其独特的唐代建筑风格，无可辩驳地证明了中国唐代木构建筑的存在。

东大殿被称为"中国第一国宝"的原因

33.9m

背立面图

39.6m

右立面图

进深四间

东大殿的外观图

189

（2）东大殿的木构架结构

东大殿的平面布局呈长方形，巧妙地运用了"外槽"与"内槽"的大小双重方盒状柱列结构，两者间以精巧的木梁斗拱相连，此构造在《营造法式》中被誉为"金箱斗底槽"。佛光寺的柱位虽工整，但梁架结构极其复杂，柱身之上层层斗拱堆叠，塑造出壮观的屋顶坡面，叠斗高度超过柱高一半。此外，殿内的大木结构以格子天花——平闇为界，下方为精细雕琢的明架（包括内槽斗拱和外檐斗拱），而上方则是结构稳固、略作砍琢的草架（也称草栿）。

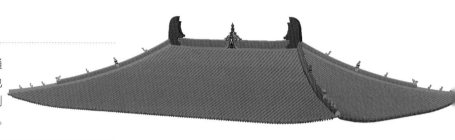

屋檐面层 在古建筑中通常由瓦片组成，也会加入垂首、脊刹及其他脊兽做装饰。

屋盖层 由槫、椽、栿等构件组成，这些构件可以传递屋面的荷载。

铺作层 由斗拱、下昂等木构架互相纵横交叠而成，可支撑屋盖，把屋顶的重量通过斗拱传递到柱头。

墙体层 由墙面、板门及窗组成，在竖向上起到的支撑作用不强，主要起到防风等作用。

柱框层 由高度基本相同的内柱和外柱组成，檐柱和内柱之间必须依靠墙壁或斜撑的支撑，以承受水平方向的作用力。

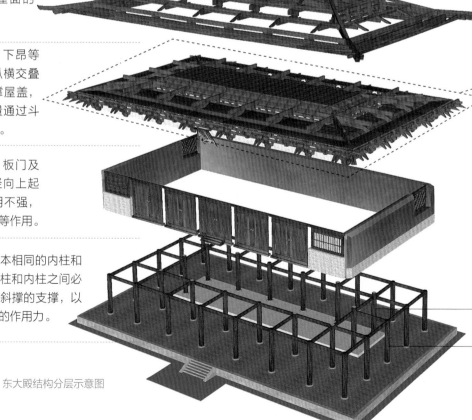

东大殿结构分层示意图

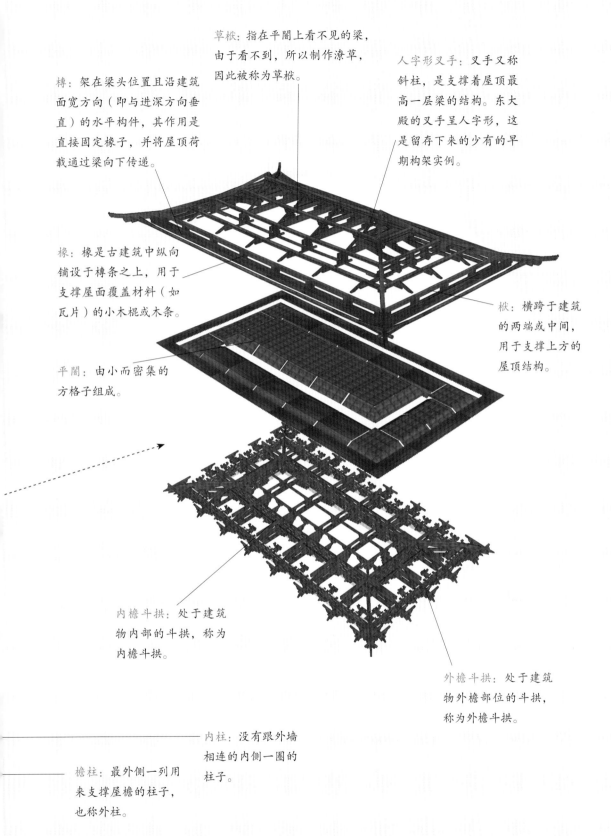

草栿：指在平闇上看不见的梁，由于看不到，所以制作潦草，因此被称为草栿。

榑：架在梁头位置且沿建筑面宽方向（即与进深方向垂直）的水平构件，其作用是直接固定椽子，并将屋顶荷载通过梁向下传递。

人字形叉手：叉手又称斜柱，是支撑着屋顶最高一层梁的结构。东大殿的叉手呈人字形，这是留存下来的少有的早期构架实例。

椽：椽是古建筑中纵向铺设于榑条之上，用于支撑屋面覆盖材料（如瓦片）的小木棍或木条。

栿：横跨于建筑的两端或中间，用于支撑上方的屋顶结构。

平闇：由小而密集的方格子组成。

内檐斗拱：处于建筑物内部的斗拱，称为内檐斗拱。

外檐斗拱：处于建筑物外檐部位的斗拱，称为外檐斗拱。

内柱：没有跟外墙相连的内侧一圈的柱子。

檐柱：最外侧一列用来支撑屋檐的柱子，也称外柱。

东大殿中央佛坛中的塑像

▲ 中央佛坛中居中的为释迦牟尼佛,弥勒佛在其右侧,阿弥陀佛在其左侧。五尊主像左端为文殊菩萨,右端为普贤菩萨。

（3）东大殿中的"唐代四绝"

　　除了东大殿内的唐代木构,梁思成先生将壁画、塑像以及墨书题记与其并誉为"唐代四绝"。这四者不仅展现了唐代建筑艺术的精湛技艺,更承载了丰富的历史文化内涵。其中,唐代木构体现了当时的建筑风格和工艺水平;壁画和塑像则生动展现了唐代艺术的辉煌成就;而墨书题记则为研究唐代历史提供了珍贵的文字资料。

　　东大殿中的塑像:东大殿内陈列的塑像身形高大,排列有序,主从分明,彰显着尊卑有别的严谨体系。值得注意的是,主佛与菩萨的前额均点缀有鲜艳的红痣,这不仅是唐代雕塑艺术的鲜明标志,也反映了当时的审美观念。佛像的服饰设计简洁大方,线条流畅,体现了唐代流行的艺术手法。更为独特的是,佛光寺的塑像摒弃了传统佛像神圣化、偶像化的表现手法,而是注入了生活化、人格化的新元素。

东大殿中的墨书题记：东大殿中的墨书题记是研究唐代历史文化的珍贵资料。这些题记多达数十处，最早的题记可追溯至唐咸通七年（866年），仅大殿始建后九年，足见其历史悠久。

东大殿中的墨书题记

▲ 东大殿中的题记内容丰富，如图中题记中的文字"江西道弟子散将柳诚……"记录了当时人们的生活片段，也反映了唐代社会的文化风貌。

东大殿中的壁画：东大殿内槽拱眼壁表面及明间佛座背面，藏有珍贵的唐代壁画。这些壁画以佛、菩萨、天王等宗教元素为核心内容，展现了深厚的宗教文化内涵。在绘画技法上，壁画以青绿色为主色调，色彩鲜亮且和谐，线条流畅而有力，展现了典型的"焦墨淡彩"风格。这一艺术手法不仅体现了唐代壁画的高超技艺，也展现了唐代艺术的独特魅力，是研究唐代绘画艺术的重要实物资料。

《西方净土变》壁画（局部）

▲ 大殿拱眼处的《西方净土变》壁画是中国目前所知为数不多的唐代壁画遗存之一。该壁画是古代画家按照佛教经典，发挥自身的想象力创作出的净土世界壁画。

七、中国现存年代最久远的乡村型佛寺：南禅寺

　　南禅寺坐落在五台山附近，且周围没有大型建筑物，唯有麦田、树林与宁静的乡村景致相互交织，营造出一种古朴而幽雅的禅意氛围。在唐代，这是大多数村庄都可以见到的乡村型佛寺。这座佛寺距今已有1200多年的历史，保留着中国现存最早的木构建筑，其历史比著名的佛光寺还要早75年。

1. 南禅寺的历史沿革

由于规模较小，南禅寺的始建时间不详，但据推测应建于唐代之前。据寺内大殿的墨书题记记载，唐建中三年（782年），南禅寺曾经历过一次重修，尽管规模不大，但足以证明其历史悠久。幸运的是，由于地处偏僻，南禅寺在唐武宗会昌五年（845年）的灭佛运动中得以幸免，保留了珍贵的文化遗产。此后，历经宋元祐元年（1086年）、元至正三年（1343年），以及清嘉庆和同治年间的修补，南禅寺得以延续至今，成为研究古代建筑和佛教文化的重要场所。

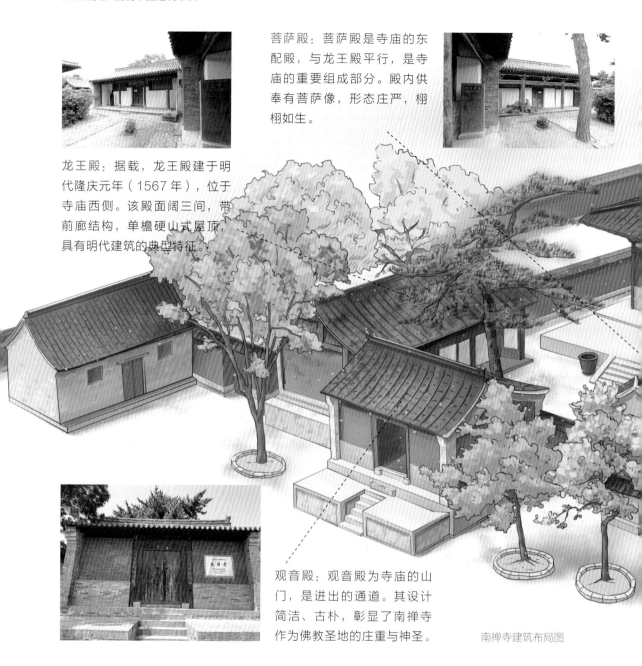

菩萨殿：菩萨殿是寺庙的东配殿，与龙王殿平行，是寺庙的重要组成部分。殿内供奉有菩萨像，形态庄严，栩栩如生。

龙王殿：据载，龙王殿建于明代隆庆元年（1567年），位于寺庙西侧。该殿面阔三间，带前廊结构，单檐硬山式屋顶，具有明代建筑的典型特征。

观音殿：观音殿为寺庙的山门，是进出的通道。其设计简洁、古朴，彰显了南禅寺作为佛教圣地的庄重与神圣。

南禅寺建筑布局图

2. 四合院式的建筑布局

南禅寺虽小，其建筑布局却也体现了中国传统寺庙的典型特征。整个寺院坐北朝南，由正院、东院和后院构成，占地面积约3078平方米，南北长约60米，东西宽约51米。主要建筑包括山门（观音殿）、菩萨殿、龙王殿及大殿，呈四合院式围合形态。寺院主体大殿保留了唐代建筑的特征，其余诸多建筑虽具有明清建筑的特点，但依旧保持了传统寺庙建筑的风格，与主体建筑相得益彰。

南禅寺大殿：南禅寺大殿是寺庙中的主要建筑，其唐代建筑特征明显，手法古朴，建筑结构将力学与美学有机结合。

3. 中国现存最古老的木构建筑——南禅寺大殿

南禅寺大殿是一座唐代小型佛寺，外观古朴而典雅，造型优美。其结构精巧简洁，殿内珍藏着数十尊唐代佛像，彰显着极高的历史和艺术价值。作为中国现存最古老的木构建筑，更是唐武宗灭佛前唯一留存的佛寺，其地位独特而重要。尽管大殿幸存至今，但曾一度被世人遗忘。直到 20 世纪 50 年代才被重新发现，再度绽放出其在建筑艺术上的辉煌光彩。

（1）南禅寺大殿的外观

南禅寺大殿的面宽约 11.55 米，进深约 9.9 米，充分彰显了其宏大的规模。方整的基台坚实稳固，几乎占据了整个院落的一半，凸显了大殿的主体地位。大殿面宽与进深均为三间，平面布局接近正方形，稳立于高台之上，给人以庄严肃穆之感。大殿的色彩搭配同样考究，质朴的木色与艳丽的红色相互映衬，体现了中式建筑的风格特色。

屋顶：单檐歇山式灰瓦屋顶，虽然规模不大，但给人古朴、典雅的感觉。其屋顶坡度极为缓和，展现了唐代"举折式"屋坡的特色。

"举折式"屋坡：是一种通过不同坡度的折线构成，并依据一定比例递减的举折方式来形成优雅曲线屋顶的构建方式。

斗拱：屋檐下的斗拱设计简洁大气，其纵向结构在内外两侧均采用双华拱以增强稳固性。在横向布局上，一跳之处巧妙地设置了横拱，而二跳之处则巧妙地采用了雕刻在枋上的"隐出拱"设计，这种手法在唐代木构造建筑中颇为常见。

双华拱：双华拱由两个华拱组成，在结构上具有更强的支撑能力和稳定性。在建筑外观上，双华拱可以增添建筑的层次感和立体感，使建筑看起来更加精美和富有变化。

横拱：特指在一组斗拱中，与出跳的华拱成正交的拱。它沿建筑的面宽方向设置，与进深方向的华拱形成交叉关系。

隐出拱：并非直接可见的标准斗拱构件，而是指斗拱结构中，由于位置、角度或构造需要，某些拱件（如华拱、横拱等）并未直接伸出或显现出来的部分。

前檐斗拱

转角斗拱

山面檐下斗拱

南禅寺大殿的尺寸图

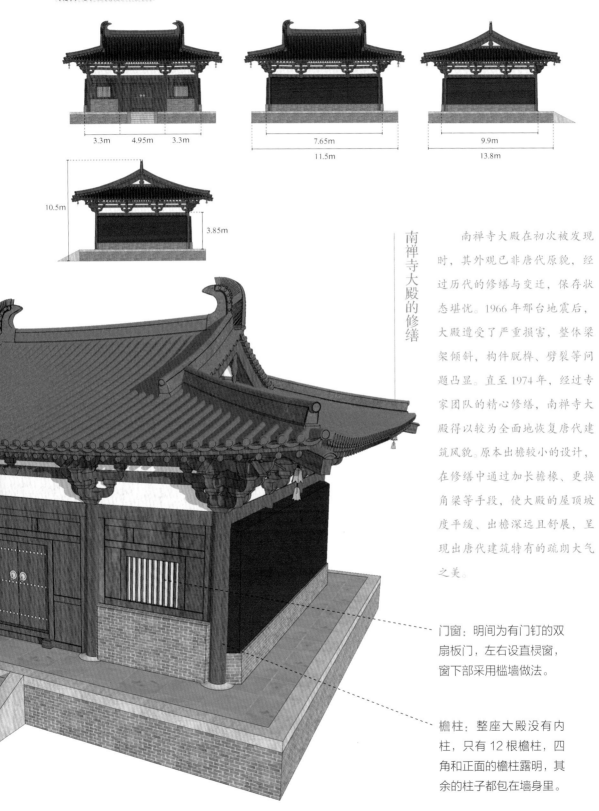

南禅寺大殿的修缮

南禅寺大殿在初次被发现时，其外观已非唐代原貌，经过历代的修缮与变迁，保存状态堪忧。1966 年邢台地震后，大殿遭受了严重损害，整体梁架倾斜、构件脱榫、劈裂等问题凸显。直至 1974 年，经过专家团队的精心修缮，南禅寺大殿得以较为全面地恢复唐代建筑风貌。原本出檐较小的设计，在修缮中通过加长檐椽、更换角梁等手段，使大殿的屋顶坡度平缓、出檐深远且舒展，呈现出唐代建筑特有的疏朗大气之美。

门窗：明间为有门钉的双扇板门，左右设直棂窗，窗下部采用槛墙做法。

檐柱：整座大殿没有内柱，只有 12 根檐柱，四角和正面的檐柱露明，其余的柱子都包在墙身里。

（2）南禅寺大殿的内部结构

　　南禅寺大殿以其独特的抬梁式梁架结构，展现了唐代建筑的精湛技艺。大殿内部，梁架彻上明造，未加设天花，使得木结构屋架清晰可见。椽条、大叉手、椽栿、驼峰、角梁等木构件，无一不精细雕琢。尤为引人注目的是，脊梁下方的人字形"大叉手"，由两支斜柱构成，稳固而富有美感，这是唐代建筑常见的构造方式。由于屋架设计精巧，体量小巧，与后墙完美融合，大殿内部形成了开阔舒展的"无柱空间"，给人以宏伟而宁静之感。

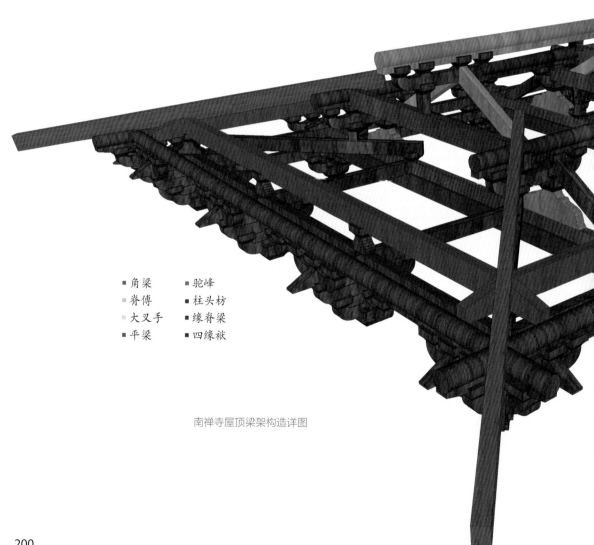

- ■ 角梁
- ■ 脊傅
- ■ 大叉手
- ■ 平梁
- ■ 驼峰
- ■ 柱头枋
- ■ 缘脊梁
- ■ 四缘栿

南禅寺屋顶梁架构造详图

（3）堪称艺术瑰宝的唐代塑像

南禅寺大殿内的唐代塑像堪称艺术瑰宝，主尊为释迦牟尼佛、骑象的普贤菩萨与骑狮的文殊菩萨，构成中原地区现存最早的"华严三圣"彩塑。其余塑像涵盖释迦牟尼的弟子阿难、迦叶等，以及天王、撩蛮等角色。塑像布局错落有致，与建筑浑然一体，体现了高超的空间布局艺术。

南禅寺大殿中的彩塑

◀ 主尊释迦摩尼佛以盘坐之姿端坐，其后有雕凿精细的背光衬托，彰显其庄严与神圣。骑狮的文殊菩萨造像则为现存制作年代最早的"护国文殊"造像的代表，与其共同展现的于阗王、童子、胁侍组成的"新样文殊"造像组合，是海内外迄今所见最早的此类造像遗存。另外，塑像中独特的 S 形站立姿态与飘逸的服饰设计，丰富了唐代雕塑艺术的表现手法。

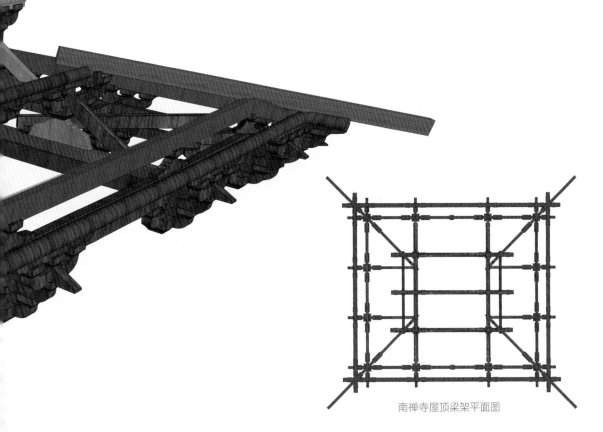

南禅寺屋顶梁架平面图

参考文献

[1] 李乾郎. 穿墙透壁：剖视中国经典古建筑 [M]. 桂林：广西师范大学出版社，2009.

[2] 博波星. 大宋楼台：图说宋人建筑 [M]. 上海：上海古籍出版社，2020.

[3] 王其钧. 中国建筑图解词典 [M]. 北京：机械工业出版社，2021.

[4] 遗介. 古建奇谈：打开古建筑 [M]. 北京：机械工业出版社，2021.